La ciencia detrás del logro

La ciencia detrás del logro

Aprende a desarrollar los hábitos, aptitudes, conocimientos y habilidades que te permitirán conseguir todo aquello que te propongas

MAURICIO BENOIST

EDICIONES DEUSTO

Deusto es un sello editorial de Centro de Libros PAPF, SLU.
Av. Diagonal, 662-664
08034 Barcelona
www.planetadelibros.com

Diseño de la colección: Sylvia Sans Bassat

Primera edición: febrero de 2025
Depósito legal: B. 23.020-2024
ISBN: 978-84-234-3838-9
Composición: Realización Planeta
Impresión y encuadernación: EGEDSA
Printed in Spain - Impreso en España

PEFC
PEFC/14-38-00305
PEFC Certificado
Este libro procede de bosques gestionados de forma sostenible
www.pefc.es

Sumario

Introducción

Este libro empezó como una inquietud personal por indagar y compartir cuáles son los hábitos que nos permiten lograr una vida épica. Ante la escasa investigación existente al respecto, inicié una búsqueda de evidencia científica que he desarrollado durante más de veinte años en el Centro de Investigación de la Conducta Humana.

La ciencia detrás del logro muestra las herramientas que nos permiten alcanzar las metas deseadas desde la perspectiva de diferentes disciplinas. Y aunque no existe una fórmula mágica para alcanzar el éxito, la ciencia sí ha podido estudiar distintos ámbitos donde el ser humano se puede desenvolver para lograrlo, desde identificar los diferentes aspectos que intervienen en el proceso a corto, medio y largo plazo, hasta encontrar las bases que pueden ser utilizadas por cualquier persona dispuesta a construir una vida exitosa, como formarse en un área determinada y desarrollar hábitos, competencias, capacidades, aptitudes, habilidades y valores.

En este sentido, recordemos que existe una relación directa *éxito-mente-cerebro* que pocas veces ha sido tratada por los investigadores. Gracias a los descubrimientos de la neurociencia, hoy se conocen las partes que conforman el cerebro, se sabe cómo se interconectan y se relacionan entre sí y se tiene conciencia de su plasticidad y también de que una de sus principales características es la flexibilidad, propiedad que permite al individuo adaptarse a las nuevas necesidades, a las condiciones de su entorno, lo que le posibilita dar forma a la estructura neuronal y mental durante toda la vida a través del aprendizaje, la socialización y la estimulación, ya sea por voluntad propia o por imposición de alguien más para cambiar la forma de pensar y actuar.

Durante ese proceso, la estructura celular y funcional cambia de acuerdo con las actividades que se realizan, tanto físicas como mentales, de manera que aumenta o se reduce su tamaño a nivel neuronal dependiendo de cuánto se utilice en función de las capacidades, las competencias y las aptitudes, las habilidades y los hábitos.

El avance científico en neurociencias ha evolucionado en la forma de ver y comprender el gran potencial que tiene el ser humano para aplicar plenamente sus facultades físicas, mentales, emocionales y espirituales. Gracias al conocimiento adquirido sobre el funcionamiento del cerebro y sobre cómo se crean los circuitos neuronales cuando se logra un nuevo conocimiento, se desarrolla una nueva competencia, aptitud o habilidad, o se adquieren, modifican o eliminan hábitos, podemos obtener la llave de acceso para incidir de manera directa e intencionada sobre aquello que se desea alcanzar, poniendo en práctica dicho conocimiento y algunos elementos específicos que contribuyen al logro o éxito de un objetivo o meta.

Gracias a las indagaciones en este campo científico se ha podido entender el papel que ejercen los neurotransmisores o mensajeros de señales bioquímicas que viajan por todo el sistema nervioso central y el periférico, compuestos por neuronas que permiten controlar las capacidades físicas y mentales del individuo, tanto las básicas como las complejas. Con respecto a las capacidades físicas, podemos nombrar las de movimiento y las que se encargan de su control, como coordinación, equilibrio, flexibilidad, velocidad o fuerza; y entre las capacidades mentales está pensar, generar ideas, tomar decisiones, planificar, imaginar, memorizar o crear hábitos.

El funcionamiento de los neurotransmisores también puede ser visto como la *dopamina* para recompensar bioquímicamente al cerebro y lograr controlarlo por medio de sus hormonas detonadoras de comportamientos deseables y no deseables, de tal forma que pueden ser benéficas para automatizar hábitos positivos.

Por este motivo es importante entender la formación de los hábitos, ya que de ello depende en gran medida la capacidad de lograr metas personales y de saber cuáles son los elementos que disparan los comportamientos promotores de buenos hábitos y cuál es el valor de la rutina, la recompensa, su consolidación y su fundamento. Cada individuo debe identificar los hábitos negativos que acaban controlando su vida, saboteando de forma automática la capacidad de lograr sus metas, con la finalidad de cambiarlos conscientemente.

Otro punto relevante es el entorno donde vive o se desenvuelve la persona, un factor que también contribuye al desarrollo de hábitos positivos o negativos para lograr los objetivos. Sabemos que un ambiente se puede preparar para crear las condiciones propicias para un mejor desarrollo de la persona, o simplemente se puede omitir o restarle importancia y hacer que el individuo experimente tal como se presentan las condiciones normales, aunque sabiendo siempre que el resultado dependerá de ello.

Asimismo, durante la revisión de la literatura, encontramos los factores de éxito en distintos ámbitos del desarrollo humano, lo cual permitió identificar una serie de elementos internos o psicológicos, pero también los derivados del contexto donde se desempeña el individuo, determinantes para fomentar hábitos que conduzcan al logro y el éxito en general. Conviene no olvidar la relevancia que tiene en este sentido la configuración cerebral: la memoria, el autoconocimiento y el concepto que se tiene de uno mismo, la autoobservación y la forma en que vemos el mundo, la autoaceptación y la autoestima, la autodeterminación, la autoeficacia y la autorrealización, las creencias, la resiliencia, la adaptación positiva ante la adversidad, el papel de las emociones y su control en aras del logro, la autorregulación, la autonomía y el esfuerzo, el conocimiento, las habilidades y los hábitos que se poseen para alcanzar los objetivos.

De una cosa estoy seguro: de que para lograr tus propósitos debes tomar decisiones, y te aseguro que no es una tarea sencilla. Eso me sucedió, por ejemplo, en el momento en que tuve que empezar a escribir este libro: gracias al respaldo de un gran equipo de trabajo de investigación, que alineó mis ideas, pude concretarlas en una realidad.

Imagínate dejar de lado tus creencias limitantes y alcanzar el éxito acompañado de información científica que lo respalde y te muestre cómo alcanzarlo. Suena grandioso, ¿verdad? Pero te aseguro que no fue fácil, especialmente cuando el resultado ha sido mucho mejor de lo esperado.

La ciencia detrás del logro es la compilación perfecta que te mostrará, con evidencia científica, los mecanismos más recientes que tiene el cerebro para responder ante los estímulos de la mente. Una vez identificados, modificarás tu forma de pensar y aplicarás el conocimiento a tu vida cotidiana hasta alcanzar lo que te propongas.

La pretensión de estas páginas es mostrarte esos conceptos básicos para conocer el funcionamiento del cerebro tanto de forma anatómica como psicológica. Desde que nacen, los individuos se forman en entornos y culturas diferentes en el mundo, pero no todos desarrollan los mismos hábitos, de eso depende su realidad.

Por lo tanto, este libro empieza definiendo lo que es un hábito, así como las implicaciones neurobiológicas, fisiológicas y neurocientíficas que intervienen en su formación, para finalmente adentrarnos en el conocimiento de los factores internos y externos que se convierten en los pilares fundamentales para lograr los objetivos planteados mientras se van formando y automatizando los hábitos.

La ciencia detrás del logro concentra el resultado de un trabajo de investigación —desarrollado en colaboración con Rosa Elba Domínguez Bolaños, directora del Instituto de Investigación Benoist y Domínguez asociados— que aporta las bases para un primer acercamiento al estudio del logro y el acceso al conocimiento generado en el ámbito académico, que brinda una respuesta convincente a la incógnita y el anhelo de los seres humanos por saber si existe o no una fórmula que permita alcanzar el éxito en la vida, que pueda ser común a todas las personas y que sobre todo demuestre sistemáticamente su eficiencia probada científicamente.

El logro depende fundamentalmente de dos variables o condiciones: primero, de las características de la persona, que son los factores internos propios de la personalidad del individuo, y segundo, de las características de su entorno de desarrollo. Así pues, el logro debe ser el arte de configurarse uno mismo para tener una vida feliz y próspera.

La idea principal de esta investigación es que las personas entiendan el logro desde una perspectiva ética, de manera que sean capaces de elegir aquellas cosas que les puedan generar un bienestar óptimo, entendiéndolo como el hecho de poder elegir libremente aquellas cosas que aportan bienestar a su vida, que contribuyen a su crecimiento.

En resumen, es necesario saber cómo funciona el cerebro humano para identificar y modificar los hábitos negativos y desarrollar nuevos hábitos positivos, ser capaces de definir claramente las metas, establecer las acciones en un plan y enfocarlas hacia la consecución de dichas metas, reconocer las características psicológicas personales que se tienen —contenidos mentales, conocimientos, aptitudes, competencias, habilidades, hábitos, motivación de logro y voluntad personal para ejecutar las tareas con esfuerzo y esmero—, así como considerar todos los factores que pueden contribuir al logro, tanto internos como externos, sin prescindir de la esperanza y el optimismo para conseguir lo que tanto se desea obtener. ¿Estás listo para romper el molde y conocer esas herramientas que te permitirán enfocarte en los hábitos de éxito?

1

¿Qué es un hábito?

La palabra *hábito* proviene del verbo en latín *habere*, que significa tener o poseer; a partir de esta idea se ha construido el significado lo que hoy conocemos como *hábito*, y que hace referencia a conseguir algo que antes no se tenía. Podemos decir entonces que un hábito es un comportamiento o una conducta que adquirimos a través de diversos mecanismos, como la repetición, y que además tiene la característica de ser automático; es decir, cuando nos encontramos en circunstancias que constantemente se repiten, los hábitos se desarrollan de forma natural.

¿Qué otras características tienen los hábitos? Son acciones fluidas, efectivas, eficientes, que surgen a través de las acciones y los conocimientos que cada persona posee. Según algunos filósofos,[1] los hábitos se desarrollan a voluntad de los individuos y funcionan como una especie de ejercicio de la inteligencia que nos prepara para actuar de manera natural y metódica.

1. Los filósofos que defienden la teoría aristotélico-tomista.

Según la definición de «hábito» que acabamos de plantear, podemos encontrar una variedad de comportamientos muy diferentes entre ellos y que poco tienen que ver entre sí; de hecho, en ocasiones, incluso podemos encontrar hábitos totalmente opuestos. Por ejemplo, podríamos afirmar que salir a caminar treinta minutos al día es un hábito, pero tomar dos cervezas todos los viernes por la tarde también lo es; ambos comportamientos entran en la definición de hábitos y cumplen con las características típicas de un hábito, sin embargo, nos encontramos con un inconveniente para algunas disciplinas científicas que buscan estudiar en profundidad cómo se forman los hábitos. Por esa razón, la neurociencia y la psicología experimental definen el hábito como una conducta automática, rígida e inconsciente, que se realiza sin un fin concreto, es decir, que se hace por hacer, independientemente del resultado.

Desde la psicología experimental se llevó a cabo un experimento que nos permite ver este proceso de forma más clara: se trata de un roedor al cual se le instala un botón que, al apretarlo, consigue su alimento; después de un tiempo, cuando el hábito ya está fijado en su cerebro, se ha registrado que, aunque ya esté saciado, el animal seguirá apretando el botón para obtener dicho alimento.

Sin embargo, la cuestión no es tan simple de abordar cuando se trata de humanos. Si entendiéramos los hábitos de la misma forma para los seres humanos, estaríamos reduciendo el concepto que engloba estas conductas simplemente a comportamientos compulsivos e inconscientes, como sucede, por ejemplo, con las adicciones, y estaríamos dejando de lado los numerosos comportamientos habituales que realizamos en el día a día, como lavarnos los dientes después de cada comida, practicar algún deporte, tomar suficiente agua o hacer un plan de ahorro para la jubilación, por citar sólo algunos ejemplos. Por ello, es fundamental entender que los hábitos adquiridos son una capacidad cognitiva, operativa o conductual que, a través del ejercicio y la experiencia, inclinan las futuras acciones hacia el logro de algún objetivo o de un fin determinado.

La noción de hábito en el área de las neurociencias se inspira en la visión del psicólogo y filósofo William James.[2] La propuesta de James se basa en el asociacionismo, es decir, trabaja a partir de pequeñas unidades que se suceden mecánicamente, de modo que cuando tratamos de explicar el funcionamiento de los hábitos dentro del cerebro, se habla de una fragmentación fisiológica, haciendo referencia a estas pequeñas unidades. A partir de esta idea, la neurociencia experimental ha establecido la siguiente condición para que una acción se considere un hábito: su desempeño debe permanecer sin cambios frente a la devaluación del resultado y la degradación de la contingencia acción-resultado. Es decir, una conducta que está fijada en el cerebro como un hábito se desarrollará automáticamente sin importar el resultado derivado de ella, los hábitos no dependen de una recompensa o resultado positivo para realizarse.

Por tanto, digamos que experimentalmente y por de-

2. Bernacer, J., y Murillo, J. I., «The Aristotelian conception of habit and its contribution to human neuroscience», *Frontiers in Human Neuroscience*, 8 (2014), p. 883.

finición, se diría que no pueden existir hábitos que estén dirigidos a objetivos. Sin embargo, esto no es lo que observamos en el comportamiento humano, donde muchos hábitos, incluso los más simples, como atarse los cordones de los zapatos, están dirigidos a un fin concreto. Si conservamos esta condición como la única para definir los hábitos, nos encontraríamos con comportamientos *ateleológicos* (sin un fin o propósito), que serían entonces rígidos, inconscientes, automáticos e insensibles a los resultados.

Según la visión aristotélica, los hábitos adquiridos presuponen una plasticidad conductual, es decir, que los individuos pueden adquirir nuevos patrones de conducta para lograr una adaptación deseada y así tener más éxito en la búsqueda de sus objetivos. La idea central de la teoría aristotélica de la acción es que cuando un individuo hace algo, hay un efecto más importante y profundo que se ve reflejado no sólo en el receptor de la acción o el producto que resulte de ella, sino sobre el propio individuo.

Entonces, ¿hay hábitos buenos y hábitos malos? La respuesta a esta categorización de las conductas dependerá más bien de la perspectiva a través de la cual estemos analizando los hábitos. Según las neurociencias,[3] los buenos hábitos serían aquellos que el individuo se esfuerza por incorporar a su comportamiento, mientras que los malos hábitos son aquellos que toman poderosamente el control del comportamiento, como sucede con los vicios o las adicciones.

3. Graybiel, 2008.

Algunos autores[4] proponen que existe un *factor clave* que sirve para clasificar los hábitos como buenos o malos, apropiados o inapropiados: el control cognitivo, una función cerebral que permite al individuo orientar su comportamiento de forma adecuada según su objetivo. Si la adquisición de un hábito implica un mejor control cognitivo de las acciones relacionadas con ese hábito, se puede considerar como bueno. Por el contrario, si implica rigidez y pierde la claridad en el objetivo, es un mal hábito.

Dado que *bueno* y *malo* (en términos aristotélicos, *virtud* y *vicio*) pueden sonar como términos extraños para la comunidad neurocientífica, los autores proponen clasificarlos en «hábitos como aprendizaje» y «hábitos como rutina». Se escogen estos términos en vez de bueno o malo porque cumplen con una importante condición, y es que estos términos resaltan la flexibilidad o rigidez conductual que distingue a cada tipo de comportamiento. De modo que si una conducta implica un mayor control cognitivo de las acciones, puede considerarse un «hábito como aprendizaje», y aquellos comportamientos que limitan el control cognitivo se denominan «hábito como rutina».[5]

Otra diferencia importante entre los hábitos como rutinas y los hábitos como aprendizaje es su relación con la conciencia. Veámoslo. En los hábitos como rutina, el comportamiento del individuo es inconsciente mientras realiza dicha acción, la conciencia se ve reducida en ese

4. Bernacer y Murillo, *op. cit.*
5. Ibídem.

proceso, e incluso eliminada por completo, lo que implica que la persona no actúa concentrando sus esfuerzos en un objetivo superior, aunque se encuentra siempre con la posibilidad de recuperar esa atención consciente. La posibilidad de desarrollar hábitos como aprendizaje radica precisamente en la viabilidad de fragmentar esos esfuerzos en movimientos, acciones y secuencias con el fin de organizarlos de otras formas para realizar diferentes acciones.

¿Qué tipos de hábitos existen?

La principal razón por la que Aristóteles analizó la naturaleza de los hábitos fue la ética. Desde su punto de vista, la ética implica un estudio amplio del comportamiento humano (hay que recordar que «ética» deriva del vocablo griego *ethos*, que significa conducta o comportamiento). Él distinguió tres tipos de hábitos adquiridos, originalmente denominados dianoéticos, éticos y técnicos.[6]

Algunos autores[7] utilizan ahora una terminología actualizada que nos permite tener una mejor comprensión de estos tres tipos de hábitos. Los han definido como hábitos teóricos, conductuales y técnicos. A continuación se presenta un diagrama que explica esta distinción.

6. Aristóteles, *Ética a Nicómaco*, Oxford University Press, Reino Unido, 2002.

7. Bernacer y Murillo, *op. cit.*

Figura 1.1. Clasificación aristotélica de los hábitos adquiridos

Fuente: elaboración propia a partir de Bernacer y Murillo, «La concepción aristotélica del hábito y su contribución a la neurociencia actual», *Frontiers in Human Neuroscience*, 8 (2014), p. 883.

Ahora que conocemos la concepción que Aristóteles desarrolló para el estudio de los hábitos, planteamos aquí algunas conclusiones importantes:

- Un hábito adquirido es una capacidad que se obtiene para realizar cierto tipo de acciones.
- Esa capacidad, generalmente adquirida mediante la repetición de una o más acciones, hace que la ejecu-

ción de ciertos comportamientos sea más rápida, espontánea y autónoma de la supervisión consciente continua, todo lo cual conduce generalmente a un mejor desempeño.

- Si un hábito aumenta el control cognitivo de las acciones, puede denominarse «hábito como aprendizaje»; si, por el contrario, aumenta su rigidez, se denomina «hábito como rutina».

2

Neurociencia y hábitos

Ahora que hemos explorado qué son los hábitos y cómo se clasifican, podríamos afirmar que son una parte indispensable de nuestro desarrollo como seres humanos y del funcionamiento adecuado de nuestras vidas cotidianas, ya que la mayoría de las actividades que realizamos diariamente se basan en hábitos, que, como ya sabemos, son conductas semiautomáticas, habilidades que se forman desde pequeños y que, en el mejor de los casos, nos facilitan la vida para evitar sobrecargar nuestro cerebro con actividades rutinarias. En este capítulo exploramos un interrogante que nos permitirá entender el funcionamiento de los hábitos en nuestro desarrollo humano: ¿cómo convierte el cerebro una nueva conducta en rutina?

En los últimos años, el desarrollo de nuevas técnicas científicas ha permitido a los investigadores comprender cómo se adquieren los hábitos y por qué es difícil cambiarlos. Para ello, algunos investigadores[8] han identificado

8. Graybiel, A., y Smith, K., «Psicobiología de los hábitos», *Investigación y Ciencia*, 455 (2014), pp. 16-21.

qué regiones del cerebro participan en la formación y mantenimiento de las rutinas, y las han llamado «circuitos de los hábitos».

Conocer la existencia y el funcionamiento de los circuitos de los hábitos nos ha brindado información importante para el entendimiento de este proceso. Se descubrió, por ejemplo, que existe una región del cerebro que se encarga de supervisar las conductas, incluso cuando aparentemente éstas funcionan de forma automática e inconsciente. Entender esto abre la posibilidad de que en el futuro se desarrollen tratamientos o terapias farmacológicas que puedan contribuir a luchar contra hábitos dañinos, como las adicciones, dando esperanza a los médicos y las familias de quienes sufren las consecuencias de éstas.

Sumado a esto, las investigaciones neurocientíficas nos han permitido comprender que, para aprender y fijar un hábito, deben ocurrir tres procesos:

1. Explorar una nueva conducta
2. Aprenderla
3. Registrarla en el cerebro

Aunque todavía no se conocen profundamente todos los detalles, ahora sabemos qué región del cerebro se encarga de coordinar estos procesos: el núcleo estriado. Y aunque aparentemente los hábitos se realizan de forma automática y sin pensar, la supervisión de lo que hacemos está a cargo de la región de la corteza infralímbica.

A continuación se describe lo que ocurre dentro del cerebro en cada proceso de la adquisición de los hábitos, y posteriormente, la figura 2.1 lo explica de forma visual, tomando como ejemplo la transportación a un nuevo lugar de trabajo.

1. Exploración de una nueva conducta: normalmente, cuando nos dirigimos hacia un nuevo sitio que no conocemos, existe un poco de tensión, desconocemos la ruta y eso abre la posibilidad de perdernos y llegar tarde. Eso nos lleva a buscar mejores alternativas que nos faciliten lograr nuestro objetivo sin contratiempos. Para que esto suceda, la corteza prefrontal debe estar en constante comunicación con el núcleo estriado para evaluar las estrategias posibles y elegir la más adecuada; además, está involucrado el mesencéfalo, donde la dopamina, sustancia que produce el cerebro, facilita el aprendizaje y asigna valor a las acciones, lo que nos permite darnos cuenta de qué es lo que funciona y lo que no, dentro de la conducta.
2. Formación del hábito: una vez que hemos encontrado una ruta que, sin contratiempos, nos permite llegar al trabajo de forma eficiente, se debe repetir. Al asistir diariamente al trabajo, estaremos creando en nuestro cerebro una rutina. Recorrer el mismo camino después de un tiempo implica el uso de menos energía mental, ya que no existe la posibilidad de perdernos. Dentro del cerebro, lo que sucede es que la repetición constante de una acción establece una especie de bucle de retroalimentación entre la corteza sensitivo-motora y el núcleo estriado. Esto se desarrolla dentro de una pequeña unidad cerebral que

se llama unidad neural funcional, donde la rutina se establece y se registra, elimina posibilidades irrelevantes y fortalece el circuito cerebral del hábito involucrado.

Figura 2.1. Actividad cerebral durante la formación de hábitos

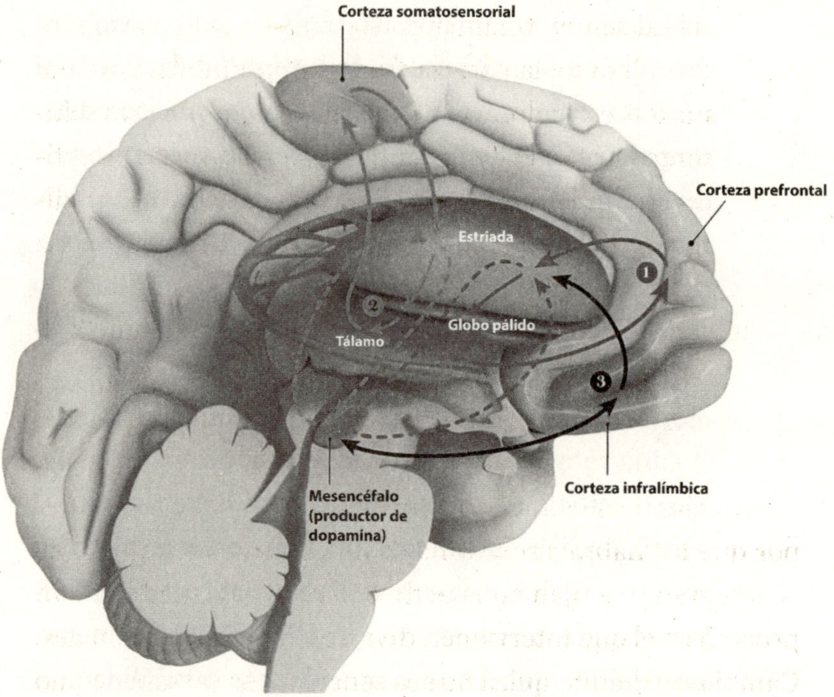

La imagen muestra los tres procesos que ocurren durante la formación de hábitos: exploración de la nueva conducta (1), formación del hábito (2) y fijación del hábito (3).
Fuente: A. Graybiel y K. Smith, «Psicobiología de los hábitos», *Investigación y Ciencia*, 455 (2014), p. 20.

3. Hábito fijado y permitido: finalmente, después de un tiempo corto, asistir al trabajo nos resulta una acción casi automática, conocemos perfectamente el camino que seguir y los factores externos que nos permiten llegar a nuestro destino de forma eficiente, es decir, el hábito está fijado. Dentro del cerebro esto implica que se ha almacenado el hábito como una unidad de conducta constante; la corteza infralímbica parece ayudar al núcleo estriado a fijarlo como actividad cerebral semipermanente. Es decir, una vez consolidado el hábito, la corteza frontal infralímbica ayuda al núcleo estriado a realizar cambios imprevistos durante la ruta, la que eventualmente se puede modificar según las circunstancias, ya que no somos totalmente inconscientes durante dicha acción. En esta etapa se registra mayor actividad cerebral al inicio y al final de la ejecución, y durante la fase intermedia la actividad se observa disminuida, lo que produce que el ahorro de energía sea significativamente mayor.

Gracias a estos nuevos conocimientos es fácil entender por qué los hábitos son difíciles de eliminar, debido a que se integran y se fijan en la actividad neuronal mediante un proceso en el que intervienen diversos circuitos neuronales. Cambiar un hábito quizá no sea sencillo, pero al saber cómo el cerebro establece y mantiene las rutinas se espera comprender el modo de liberarse de hábitos indeseables y adquirir aquellos que nos convienen y son beneficiosos.

3

Neurología del hábito

Como se explicó en el capítulo anterior, los hábitos son esquemas mentales estables, que se aprenden por repetición y nos facilitan las operaciones mentales-cognitivas, afectivas, ejecutivas o motoras que realizamos constantemente, convirtiéndolas en una operación semiautomática. La adquisición de hábitos es un proceso que permite al organismo ahorrar esfuerzos, ya que el individuo requiere menos atención para ejecutar ciertas actividades y puede, por tanto, ocuparse de otras a la vez, lo que significa un ahorro importante de energía.

Una vez entendido el proceso cerebral que interviene en la adquisición de los hábitos, nos preguntamos: entonces, ¿cómo se adquieren y cómo se modifican los hábitos?

Para responder a esta pregunta tenemos que hablar necesariamente de los ganglios basales (GB) ¿Qué son? Los ganglios basales son estructuras cerebrales que se relacionan con la formación de hábitos. Algunos experimentos que se han desarrollado desde la neurociencia han demostrado que la exploración y la fijación de nuevas conductas implican una gran actividad en estas estructuras, que va disminuyendo a medida que el hábito se aprende y se establece en el cerebro.

Para entenderlo mejor podemos profundizar en el caso de Eugene Pauly, un paciente que sufrió una infección viral en el cerebro, la cual tuvo como resultado la destrucción de su hipocampo, lo que provocó que éste perdiera la memoria a largo plazo. Sorprendentemente, los médicos se dieron cuenta de que, aunque él no recordaba nada, era capaz de dar un paseo y encontrar el camino de regreso a su casa, así como de adquirir nuevas rutinas. Los médicos se dieron cuenta de que el virus no había afectado a los ganglios basales, lo que le permitió mantener la capacidad de crear hábitos.

Evidencias como las anteriores han demostrado que los GB son una especie de centro de mando que indica qué acción va a ser la siguiente. Formados por un tejido cerebral compuesto de conexiones de fibras nerviosas entrelazadas, los GB están fuertemente interconectados con la corteza cerebral, el tálamo y el tronco del encéfalo, así como con otras áreas del cerebro. Se asocian además con una variedad de funciones que incluyen: el control de los movimientos motores voluntarios, y el aprendizaje de procedimientos y comportamientos de rutina o hábitos, entre otros.

Figura 3.1. Los principales ganglios basales

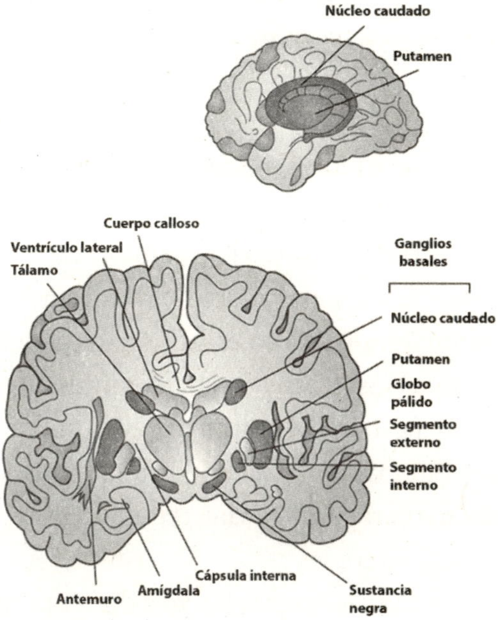

Los ganglios basales son un conjunto de estructuras compuestas por el globo pálido, el núcleo subtalámico, la sustancia negra y el cuerpo estriado (compuesto por el putamen y el núcleo caudado).
Fuente: R. Rosler, «Sistema nervioso en 60 segundos: ganglios basales», Asociación Educar para el Desarrollo Humano.

En la vida diaria, al llevar a cabo una acción con un objetivo concreto, los GB actúan estimulando o inhibiendo selectivamente las acciones y reacciones, lo cual sucede a través de dos vías paralelas: la vía directa y la vía indirecta.

- La vía directa se inicia en una región del cerebro que se llama corteza límbica, que está relacionada con las emociones y su función es liberar conductas tanto motoras como cognitivas y emocionales.

- La vía indirecta nace en la región cerebral de la neocorteza, que está relacionada con el juicio racional y su función es frenar conductas motoras, cognitivas y emocionales.

Veamos un ejemplo. Supongamos que una persona se encuentra dando un paseo por la calle y, de pronto, alguien desconocido empieza a gritarle, insultándola. Se trata de una acción que física y emocionalmente requiere una respuesta, y es aquí donde entran en acción los ganglios basales mediante sus dos vías: la vía directa le impulsa a contestar la agresión verbal, pero la vía indirecta evita que conteste, eludiendo una acción violenta que podría desembocar en algo peor. De esta manera, ambas vías regulan las acciones y reacciones del individuo.

¿Cómo funcionan entonces las vías directa e indirecta en el desarrollo de los hábitos? A través de varios experimentos se ha observado que los hábitos dejan una especie de registro en los GB; una vez que una conducta se ha establecido como un hábito dentro del sistema cerebral, la huella que forma en los GB hace que las vías de acción se repitan de forma consistente. Además, se demostró que cuanto más establecido esté el hábito dentro del sistema, más rápida será la respuesta de la vía directa, mientras que en la vía indirecta no se producen cambios.

Así, actividades habituales como tomar un café por la mañana son resultado de la activación de la vía rápida de estimulación del cerebro. Es necesario señalar que, de la misma manera que este sistema es el causante de la formación de hábitos deseados, también es el origen de hábitos poco saludables, como el consumo excesivo de azúcar, pero la buena noticia es que estos hábitos pueden modificarse.

Figura 3.2. Vías directa e indirecta de los ganglios basales

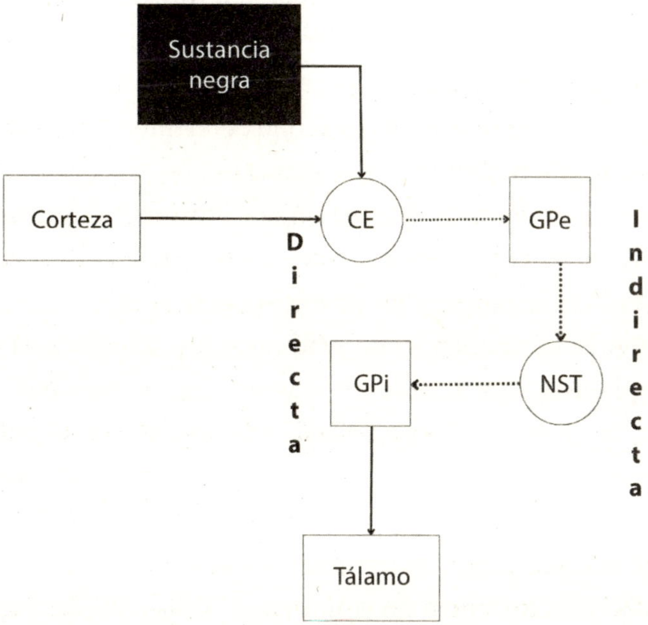

Fuente: R. Rosler, «Sistema nervioso en 60 segundos: ganglios basales», Asociación Educar para el Desarrollo Humano, 2016. (CE: Cuerpo estriado; Gpe: Globo pálido externo; Gpi: Globo pálido interno; NST: Núcleo subtalámico.)

Núcleo accumbens y hábitos

Exploremos ahora cómo se relaciona la formación de hábitos con la obtención de una recompensa neurológicamente hablando. Para ello es necesario conocer cómo funciona el sistema de recompensa en nuestro cerebro y por qué interviene en la adquisición de hábitos.

El sistema de recompensa del cerebro funciona mediante la liberación del neurotransmisor llamado dopamina, proceso que se realiza precisamente en un ganglio basal denominado núcleo accumbens. Éste recibe e integra información de distintas regiones del cerebro, que usa para determinar cuál de las dos vías se ejecutará, si la directa o la indirecta, es decir, el núcleo accumbens es el que determina si una acción se lleva a cabo o no.

Cuando recibimos una recompensa inesperada ante una acción, como ganar un juego de azar, se libera una buena cantidad de dopamina en el núcleo accumbens (que es el que regula la liberación de este neurotransmisor), el cual hará que ésta se acumule en mayores cantidades en la vía directa, y dado que la dopamina es la encargada de regular la impulsividad de la respuesta, la vía directa acabará imponiéndose a la indirecta, y por tanto, el individuo, ante estas recompensas que son inesperadas o inciertas, tendrá menos posibilidades de frenar su conducta. Por su parte, a medida que la recompensa sea más predecible, los niveles de dopamina irán bajando, lo que hará más fácil el control. No obstante, el hábito quedará establecido, demostrando que la dopamina activa la vía directa y frena la indirecta.

Según esta información, podemos determinar el papel de neurotransmisores como la dopamina en el sistema de recompensa y en el desarrollo de conductas en el ser humano, ya que, a partir de este sistema, el núcleo accumbens atribuye un valor a las acciones que realizamos, que pueden ir desde hábitos sanos hasta los más negativos, como el desarrollo de adicciones. En condiciones normales, cuando la recompensa se hace costumbre, la liberación de grandes cantidades de dopamina desaparece y la acción se queda como un simple hábito. En cambio, en una adicción, las sustancias adictivas inundan de dopamina el núcleo accumbens, efecto que puede durar minutos u horas dependiendo de la sustancia; cuanto más tiempo, mayor será el riesgo de crear una adicción.

Figura 3.3. Centros cerebrales de la adicción

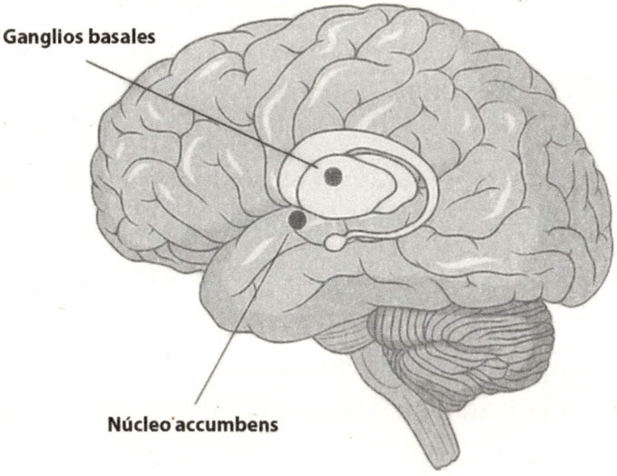

Fuente: C. Honey, «Del hábito a la adicción», *Mente y Cerebro*, 80 (2016), pp. 48-53.

Respecto a las señales dopaminérgicas, es necesario mencionar la influencia del contexto. En un determinado contexto (lugar, compañía, situación, etcétera) las áreas cerebrales esperan una determinada recompensa. Por ejemplo, en un juego de fútbol se libera dopamina cuando se gana, pero también cuando hay expectativa de saber el resultado. En el caso de las adicciones, resulta más probable que una persona se libere de la adicción si se mueve a un contexto distinto al que la generó, debido a que, al estar en un lugar diferente, ya no se generan los recuerdos ni se evocan las memorias. Por lo que respecta a la formación de los hábitos saludables, el contexto tiene un papel relevante en el rediseño o cambio de hábitos, ya que es más fácil adquirir nuevos buenos hábitos y evitar los malos, por ejemplo, si se desea fomentar una dieta. Este proceso es conocido como memoria dopaminérgica.

Sistema de recompensa

El sistema de recompensa es un conjunto de estructuras en el cerebro que generan sensación de placer. Es un mecanismo que asegura la repetición de una acción determinada garantizando de esta forma la supervivencia de la especie a través de la satisfacción de necesidades básicas, como la alimentación, la hidratación, la sexualidad y las interacciones sociales.

De todas formas, conviene resaltar que este sistema no funciona únicamente a través de comportamientos básicos de supervivencia, sino que se activa con un amplio conjunto de acciones diversas que pueden generarnos placer y satisfacción, como jugar con videojuegos, hacer deportes extremos o tomar el sol en la playa, y también se activa en comportamientos como el consumo de sustancias psicoactivas, donde tiene un rol determinante para la generación de adicciones. Así pues, el sistema de recompensa desempeña un papel clave en el desarrollo de hábitos, ya que es el que contribuye a la repetición de una acción determinada.

En el sistema de recompensa, el principal neurotransmisor es la dopamina. Es importante resaltar que este sistema no está ubicado en una zona central, sino que está interconectado con diversas zonas del cerebro, entre ellas, el área tegmental ventral y el núcleo accumbens, las más importantes. En la siguiente figura se muestra cómo funciona el circuito del sistema de recompensa.

Figura 3.4. Circuito de recompensa

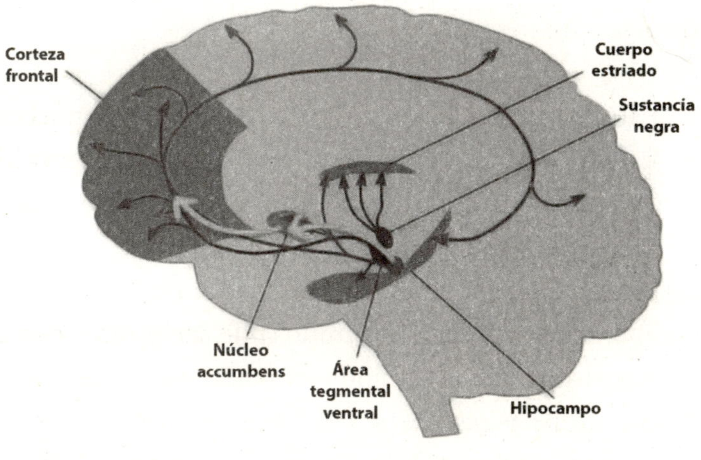

La dopamina sintetizada en el área tegmental ventral es enviada al núcleo accumbens, conocido como el centro del placer del cerebro, relacionado tanto con reforzadores naturales (comida, sexo, agua, ejercicio, conversación con amigos, etcétera) como con reforzadores artificiales (drogas).
Fuente: J. C. Guillén, «Neuroplasticidad, un nuevo paradigma para la educación», *Escuela con cerebro*, 4 de octubre de 2012, <https://escuelaconcerebro.wordpress.com/2012/10/04/neuroplasticidad-un-nuevo-paradigma-para-la-educacion/>.

Dopamina, GABA y glutamato en el sistema de recompensa

En el sistema de recompensa se encuentran fuertemente implicadas las neuronas dopaminérgicas, las células nerviosas del cerebro (neuronas) que se encargan de producir dopamina. Son importantes porque son las encargadas de mediar la recompensa en este sistema, por eso son conocidas como «las neuronas del placer».

Para poder comprender cómo actúan los neurotransmisores en el sistema de recompensa, es necesario tener en cuenta que las neuronas dopaminérgicas tienen tres patrones de actividad:

1. Estado hiperpolarizado, que es cuando está inactivo.
2. Estado tónico, que genera una liberación lenta de dopamina mediante la activación espontánea de las neuronas dopaminérgicas.
3. Estado fásico, que es el modo de ráfaga: genera una liberación rápida y voluminosa de dopamina, que es impulsada por el estallido explosivo de las neuronas dopaminérgicas.

En condiciones normales, cerca del 50 por ciento de las neuronas dopaminérgicas están inactivas y esto se debe a que hay un sistema que restringe su producción. Esta especie de sistema que controla la dopamina está dominado por un neurotransmisor denominado GABA.

El cambio de disparos irregulares de dopamina (fase tónica) a un patrón de ráfaga (estado fásico) se produce en respuesta a estímulos gratificantes; es una respuesta que depende del glutamato, un aminoácido cuya función es excitatoria, pero que es incapaz de mediar el disparo de ráfaga por sí solo. El glutamato es responsable del incremento de dopamina y, por tanto, de la sensación de recompensa: cuanto más glutamato recibe el núcleo accumbens, más memoria se genera respecto a la sensación de recompensa, generando un deseo cada vez mayor de repetición, lo cual es fundamental para la formación y el cambio de hábitos. La siguiente figura sintetiza la neurofisiología del sistema de recompensa.

Figura 3.5. Resumen del funcionamiento del sistema de recompensa

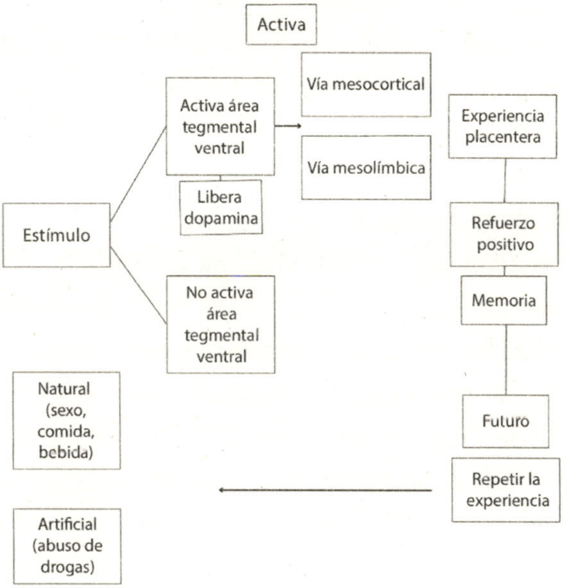

Fuente: E. Diges Montoya, «Circuito de recompensa», *Neuroaprende*, 20 de febrero de 2019, <https://neuroaprende.wordpress.com/2019/02/20/enamoramiento-relacion-con-las-adicciones-circuito-de-recompensa/>.

Como ya hemos dicho anteriormente, la recompensa es uno de los elementos fundamentales para la formación de hábitos. Conocer las bases neurológicas del sistema de recompensa permite aumentar el entendimiento de cómo funciona el cerebro en la adquisición de hábitos y encontrar mejores estrategias para proponer las acciones que faciliten el desarrollo de hábitos para conseguir nuestras metas.

Sistema de recompensas y su relación con el aprendizaje y la memoria en la formación de hábitos

Como decíamos, el sistema de recompensa define, al menos cognitivamente, qué acciones realizamos de forma cotidiana y cuáles no. Si una acción nos resulta gratificante, es más probable que queramos repetirla constantemente; por el contrario, cuando una acción nos resulta desagradable, la trataremos de evitar en la medida de lo posible.

La recompensa es fundamental tanto para promover los aprendizajes como los hábitos para el logro basados en incentivos, las respuestas apropiadas a los estímulos y el desarrollo de conductas motivadas. La memoria puede guiar las conductas motivadas, debido a que el recuerdo de experiencias del pasado, así como los resultados obtenidos en dicha experiencia, pueden tener incidencia en la toma de decisiones futuras del individuo. La relevancia del sistema de recompensas en el cerebro deja en claro la importancia del empleo de recompensas inmediatas como uno de los elementos básicos en el bucle del desarrollo de los hábitos.

Figura 3.6. El bucle del hábito

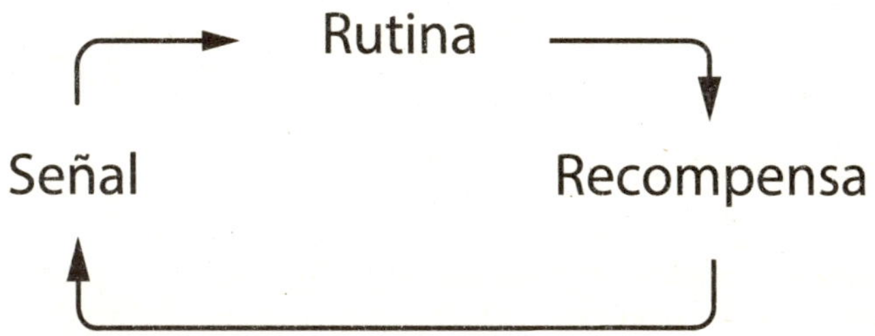

La figura representa el proceso en tres pasos de la formación de hábitos: señal, rutina y recompensa.
Fuente: elaboración propia a partir de C. Duhigg, *El poder de los hábitos*, Urano, Barcelona, 2012, p. 39.

Aprendizaje y memoria

El aprendizaje se define como un cambio de conducta, relativamente permanente, que se produce como resultado de la experiencia. El aprendizaje supone almacenamiento de información en la memoria a largo plazo, y la memoria supone adquisición de información. Por lo tanto, la memoria a largo plazo representa internamente la información adquirida a través del aprendizaje. Como ya se ha mencionado, para que un hábito se adquiera y se fije, se produce una curva de aprendizaje en la que, a través de la repetición de la conducta, se van fortaleciendo las redes neuronales, hasta que finalmente este hábito queda guardado de forma permanente.

Figura 3.7. Aprendizaje y memoria

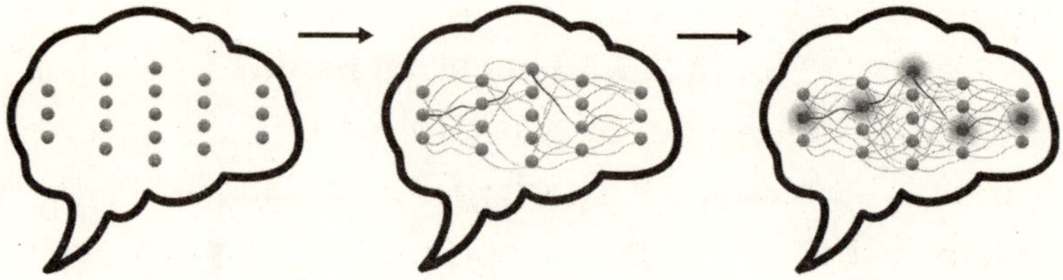

Esquema de la adquisición de un hábito (aprendizaje) a partir de la formación de redes neuronales y su fijación en el sistema nervioso (memoria) como consecuencia del aumento de la fuerza en esas uniones entre neuronas.
Fuente: adaptado de C. Facchinetti, *Las bases biológicas de aprendizaje*, Editorial de la Facultad de Filosofía y Letras de la Universidad de Buenos Aires, Argentina, 2017, p. 209.

Existen muchos factores para el logro en distintas áreas, sin embargo, el aprendizaje y la memoria son de vital importancia: de ellos depende el desarrollo de hábitos para el logro y de aptitudes intelectuales. El aprendizaje se relaciona directamente con la motivación y la emoción, ya que éstas son el motor que impulsa a realizar una acción dirigida a lograr una meta en particular.

Plasticidad

¿Qué es la plasticidad y cómo se relaciona con el proceso de la adquisición de hábitos? El término *plasticidad* hace referencia a la capacidad de cambiar, a la flexibilidad de algo. En el cerebro, las redes neuronales cambian constantemente a lo largo de nuestra vida y estos cambios nos permiten modificar nuestro comportamiento según las circunstancias de nuestro desarrollo.

Hay dos tipos de plasticidad que forman parte de nuestro sistema cognitivo: la neuronal y la cerebral. La plasticidad neuronal hace referencia a la capacidad que las neuronas (células nerviosas del cerebro) tienen para formar nuevas redes neuronales durante procesos como el aprendizaje, por ejemplo, cuando se aprende a escribir. En cambio, la plasticidad cerebral es la capacidad que posee el encéfalo de modificar sus conexiones neuronales ante ciertas circunstancias, como el consumo de drogas, los cambios hormonales o algún tipo de lesión.

La plasticidad permite nuevos aprendizajes, es decir, permite la formación de nuevos recuerdos. El aprendizaje, hablando en términos de plasticidad cerebral, es la capacidad de nuestro cerebro para cambiar constantemente, cambio que se produce por las variaciones estructurales y funcionales duraderas de las sinapsis (la comunicación y la conexión entre neuronas). A través de la práctica repetida, se adquieren nuevos conocimientos que van reforzando la comunicación entre las neuronas, lo que significa que las señales eléctricas que viajan a lo largo de este nuevo camino se hacen más eficientes. Así sucede con la adquisición de nuevos hábitos: cada vez que una acción se va repitiendo, el cerebro establece una serie de conexiones neuronales, construyendo así las rutas para la intercomunicación de las neuronas.

Como se observa en la figura 3.7, las redes neuronales se van fortaleciendo a medida que las repeticiones avanzan en el tiempo. Esto no quiere decir que exista un número específico de repeticiones necesarias para establecer un hábito, porque en realidad depende de muchos procesos cerebrales, que en algunos casos pueden desarrollarse en menos de dos meses y en otros se requiere más de noventa días de repetición, dependiendo de la complejidad del hábito.

Figura 3.8. Plasticidad neuronal

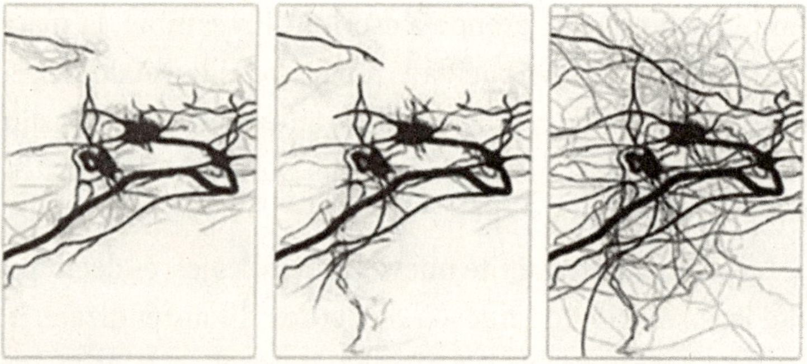

Redes neuronales antes de entrenar (izquierda), dos semanas después de la estimulación cognitiva (centro) y dos meses después de la estimulación cognitiva (derecha).
Fuente: Cognifit Research, «Plasticidad neuronal y cognición», s. f., <https://www.cognifit.com/co/plasticidad-cerebral>.

El aprendizaje que conduce a la memoria a largo plazo y a la modificación del comportamiento conlleva cambios persistentes en la fuerza de la sinapsis, lo que se conoce como plasticidad neuronal (véase figura 3.8). En ella se produce un fenómeno llamado «potenciación a largo plazo» (LTP, por sus siglas en inglés), o de larga duración, que es la intensificación en la fuerza de la sinapsis. Por esta razón, el LTP se considera uno de los principales mecanismos celulares mediante los cuales ocurre el aprendizaje y la memoria, debido a que la sinapsis es el sitio físico que funciona como puente para el paso de información entre las neuronas, es decir, se considera como el sitio en el que se almacena la memoria.

Figura 3.9. Sinapsis neuronal

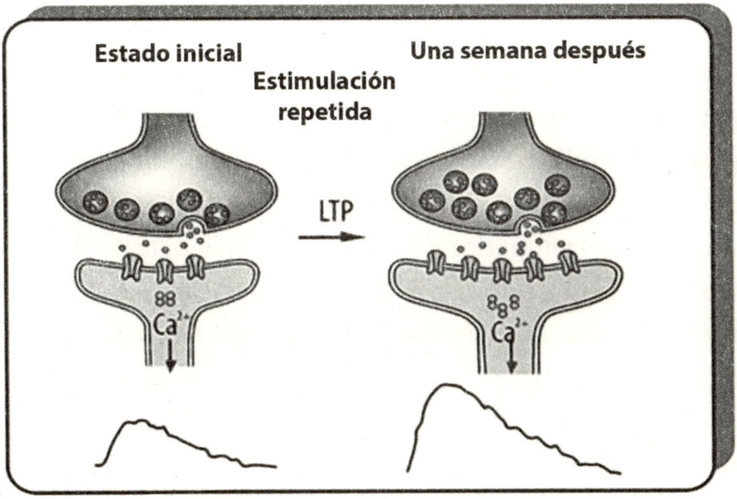

Despolarización de la neurona postsináptica durante un estímulo puntual (izquierda) y durante un estímulo que genera un LTP (derecha). Se observa que existe el mismo estímulo después de su repetición, que entonces genera una mayor concentración de iones de calcio durante el LTP, y que se ha activado la maquinaria de la célula que produce nuevos receptores de membrana.
Fuente: C. Facchinetti, *Las bases biológicas del aprendizaje*, Editorial de la Facultad de Filosofía y Letras de la Universidad de Buenos Aires, Argentina, 2017, p. 212.

La plasticidad neuronal cumple un papel muy importante en el desarrollo cognitivo del individuo desde etapas embrionarias hasta la adultez, ya que está involucrada en los procesos de aprendizaje de habilidades, en el establecimiento de nuevos recuerdos y en la respuesta a las adversidades del medio. El proceso de aprendizaje se produce por esa plasticidad neuronal, tiene el don de modificar el comportamiento humano y lo habilita para adaptarse a las nuevas condiciones del entorno donde se desarrolla, de esta manera va evolucionando, creciendo personalmente y logrando lo que se propone.

El aprendizaje es el proceso mediante el cual adquirimos y construimos conocimiento sobre el mundo, mientras que la memoria es el proceso a través del cual este conocimiento se codifica, se almacena y se consolida para, finalmente, recuperarse. Ambos procesos se encuentran estrechamente relacionados y en constante articulación, hasta el punto de que resulta sumamente complicado separarlos o tratar de aislarlos dentro del circuito neuronal.

Emociones, aprendizaje y memoria

Como parte del proceso cerebral que involucra la adquisición de nuevos hábitos, debemos tener en cuenta la capacidad de aprender y formar recuerdos, procesos que se han relacionado científicamente con la amígdala (una estructura cerebral ubicada en el lóbulo temporal), en la que se producen algunas proteínas que hacen que los recuerdos sean duraderos. Para este proceso también es fundamental el contexto emocional de los individuos, ya que éste puede favorecer o bloquear la memoria.

A medida que una información desencadena una emoción, ésta queda plasmada en el cerebro y se asocia al contexto emocional específico del momento. Por ejemplo, no es lo mismo leer un tema cuando estamos por entrar a un examen, que hacerlo en casa para preparar una tarea. En este sentido, existe un tipo de memoria denominada implícita, la cual está relacionada con la experiencia emocional.

Ante un determinado estado emocional, la memoria almacena las sensaciones experimentadas durante esa situación, por lo que el recuerdo estará impregnado de esa carga emocional. Por ejemplo, un veterano de guerra, al escuchar estruendos similares a una explosión, puede desarrollar respuestas físicas que son resultado de lo que sintió en la guerra, como el aumento de la frecuencia cardíaca y la sudoración.

Para efectos del logro de metas, se puede recurrir a la memoria cargada de estados emocionales positivos, aquella que ha almacenado sensaciones placenteras y orgullo sobre logros obtenidos en el pasado, lo que inmediatamente traerá sensaciones de confianza en sí mismo, autoeficacia y autodeterminación que le brindarán al individuo esperanza y optimismo de que puede lograr lo que se proponga alcanzar en el futuro inmediato.

4

Marcadores somáticos y hábitos

Como vimos en el capítulo anterior, las emociones ejercen un papel importante en el desarrollo del comportamiento de los seres humanos, en la función de su memoria y en los procesos cognitivos relacionados con la formación de hábitos. Así pues, podemos decir que las acciones de las personas están, la mayoría de las veces, motivadas por sus emociones. En este capítulo veremos cómo las emociones y su reflejo en los procesos del cuerpo son importantes para el desarrollo de los hábitos.

Para empezar, si queremos entender cómo funcionan las emociones, tenemos que saber que éstas operan en dos niveles distintos. En el primer nivel, están las emociones conscientes, denominadas sentimientos. El segundo nivel corresponde a las emociones inconscientes, denominadas estados afectivos, y dentro de estos últimos, encontramos lo que en neurociencias[9] se conoce como *marcadores somáticos emocionales*.

9. Morandín-Ahuerma, 2019.

Los marcadores somáticos emocionales son pequeñas señales enviadas por el organismo en respuesta a ciertos estímulos, que normalmente son inconscientes. Estos marcadores tienen un papel fundamental en la toma de decisiones y en las respuestas que los individuos tienen respecto a ciertas acciones, conductas y comportamientos a lo largo de su vida, que se materializan en forma de hábitos, tanto si son saludables como nocivos para la persona.

Anticipándose a la toma de decisiones, el cuerpo humano produce estas señales que provocan cambios biológicos en el propio organismo, que pueden variar entre palpitaciones cardíacas, dolor abdominal, sudoración corporal, contracciones musculares y otras.

Los marcadores somáticos emocionales son resultado de una sensación o de una emoción que se produce frente a una situación y contexto específicos, ante lo cual el cuerpo reacciona como si estuviera en peligro, que no tiene por qué ser real, puede ser imaginario. Entonces, el cuerpo genera una señal a la que responden la amígdala y las cortezas prefrontales del cerebro, enviando una señal que indica al sistema que algo sucede y que es necesario prepararse para responder al estímulo, sin importar si éste es o no real.

A lo largo de nuestra vida vamos adquiriendo toda clase de experiencias, gracias a las cuales se van formando los marcadores somáticos, que funcionan a partir de ciertos elementos internos y externos de los individuos. Por ejemplo, los factores internos son aquellos que regulan las preferencias personales y las respuestas orgánicas básicas de los seres humanos, como la sed, el hambre o el cansancio, entre otros; los factores internos también son los encargados de evitar el peligro y el dolor, y de la búsqueda de condiciones placenteras y de desarrollo personal. Más adelante veremos cómo estos factores también son determinantes en el logro de metas. Por otro lado, los factores externos son aquellos que nos hablan de nuestra relación con el mundo exterior, por ejemplo, las relaciones que establecemos con los demás, con las normas sociales, las reglas, etcétera, y están principalmente definidos por los padres, la familia y la comunidad.

Aunque la construcción de los marcadores somáticos se da principalmente durante la infancia y la juventud, las relaciones entre el cuerpo y su entorno se dan en un proceso de aprendizaje continuo que nos acompaña como individuos durante toda la vida. Lo que sucede entonces con los marcadores somáticos es que a lo largo de nuestra vida vamos construyendo un conjunto de señales y respuestas que actúan en nuestro cerebro cuando el cuerpo reconoce el contexto de ciertas situaciones que antes ya hemos vivido.

Los marcadores somáticos pueden ser positivos o negativos, según la experiencia que hayamos tenido y si lo que sentimos en esa ocasión fue placentero y positivo, o más bien negativo o doloroso. Estas señales funcionan como detonadores que motivan nuestras acciones o que las evitan a fin de protegernos de algún peligro, que puede ser real o no, ejecutando una especie de sistema de seguridad personalizado que inconscientemente siempre está encendido en nuestro cerebro.

Pero ¿cómo se relacionan estas señales con la formación de hábitos? Veámoslo.

Como explicamos anteriormente, las emociones son un

factor importante en la toma de decisiones de los individuos, en cómo las personas se desarrollan en su entorno y en cómo su cerebro procesa las experiencias individuales y colectivas. Por su parte, los marcadores somáticos son un sistema de respuesta a estas emociones y situaciones que afrontamos diariamente, un sistema de señalización inconsciente que está activo todo el tiempo y es importante entenderlo como un elemento que influye directamente en la toma de decisiones, que, junto con el sistema de recompensa, facilita u obstaculiza la formación de hábitos, según sea el caso.

Para desarrollar hábitos positivos orientados al logro se busca que las experiencias sean placenteras, un proceso que se debe realizar de forma gradual para que el reto esté sólo un poco por encima del nivel de dominio que tenga la persona, y de esta manera, los marcadores somáticos que se generen sean positivos, dado que la experiencia no le generará el estrés suficiente para paralizar la acción. Esto permite al individuo realizar acciones con un estrés moderado y avanzar en el desarrollo de las actividades que lo conduzcan a alcanzar el éxito en lo que se ha propuesto.

5

La dopamina y los hábitos

La motivación es un estado interno del individuo que tiene la función de dirigir nuestra conducta hacia el logro de una meta. La motivación nos da energía y nos ayuda a orientar nuestras acciones en una dirección eficiente para alcanzar un objetivo o para desarrollar hábitos saludables.

Existen dos tipos de motivación: el primero está asociado con la necesidad y el segundo se relaciona con el placer. La motivación que se asocia con las necesidades orgánicas y básicas del ser humano, como el hambre, la sed y el sueño, se conoce como *homeostática*. Se trata de un tipo de motivación que es impulsiva y consciente, nos fuerza a perseguir su consecución, y una vez cubierta esta necesidad, se reduce o desaparece.

En cambio, la motivación relacionada con el placer, conocida como *incentiva*, puede verse reducida aun cuando no se haya conseguido el objetivo. Generalmente, la motivación incentiva se ve reducida cuando nuestra meta requiere más esfuerzo del que estamos dispuestos a dedicarle, por ejemplo, esperar en una larga cola para entrar en un evento deportivo o musical. Lo más característico de la motivación incentiva es que cuando se satisface, no se reduce tanto como la homeostática, es decir, la sed desaparece bebiendo agua, pero en el caso del placer, éste puede mantenerse, o reducirse sólo un poco, si lo disfrutamos repetidamente.

Ahora bien, ¿en qué parte del cerebro se localiza el centro del placer? El placer es una percepción consciente, agradable y deseable, que se alcanza no sólo a través de la comida, la bebida o el descanso, o satisfaciendo el deseo sexual. A diferencia de otras especies animales, los humanos también alcanzamos el placer de modo cognitivo, es decir, mental e intelectualmente. Gracias al desarrollo de la corteza cerebral, podemos vivir el placer a través de disfrutar del amor y de las relaciones con nuestros seres queridos, del arte, la ciencia, la naturaleza, el deporte, los juegos y la diversión.

Lugares cerebrales del placer

Gracias a algunas técnicas como la resonancia magnética funcional (RMF), una especie de radiografía que proporciona imágenes visuales de las áreas del cerebro que se activan al sentir placer o bienestar, ha sido posible identificar algunas de las regiones del cerebro que están relacionadas con el placer. Una vez identificadas las regiones cerebrales donde se genera placer, surgen las preguntas: ¿qué activa estás regiones? y ¿cómo se lleva a cabo esta activación?

La química del placer

Como ya se sabe, ante cualquier circunstancia que genere placer (sea de manera natural, como un alimento, o de manera artificial, como una droga adictiva) se libera dopamina en los núcleos estriados del cerebro y durante mucho tiempo se creyó que este sistema dopaminérgico era el encargado de generar placer, con la dopamina como neurotransmisor de la recompensa. Sin embargo, hallazgos más recientes han demostrado que ante la disminución, la escasez o la inhibición de la concentración de dopamina en el cerebro, la capacidad de sentir placer no disminuye ni se desvanece, por lo que se ha deducido que la dopamina liberada en el sistema podría aumentar el deseo de sentir placer y promover las conductas necesarias para conseguirlo, en lugar de producirlo directamente. Es decir, la dopamina incrementa los componentes motivacionales del esfuerzo y produce deseo.

Cuando los niveles de dopamina son bajos, como en el caso de la depresión, las personas se esfuerzan poco para lograr algo; lo contrario ocurre cuando se consumen anfetaminas, que aumentan los niveles de dopamina, y entonces se observa un mayor esfuerzo y concentración del individuo a la hora de realizar las tareas que le llevarán a conseguir las cosas que desea.

El efecto motivador de la dopamina se observa cuando no podemos parar de comer algo que hemos probado y nos sabe bien. Como cuando seguimos comiendo patatas fritas sin parar: abrimos la boca no por hambre, sino porque se ha incrementado el deseo de seguir disfrutando de esa comida. Así pues, la dopamina básicamente lo que hace es aumentar el deseo y la motivación por sentir placer, por lo que el individuo perseguirá con mayor frecuencia e intensidad la conducta que produce ese placer.

Esto nos indica que el efecto motivador está involucrado también en el logro de objetivos positivos, como tener una alimentación más saludable, pero también en hábitos negativos, como el consumo de alguna droga. En ambos casos, los niveles de dopamina permiten que se mantenga el nivel de actividad necesario para conseguir el propósito deseado, aun cuando éste sea negativo para nuestro organismo.

Sin duda alguna, otro papel que desempeña la dopamina, y que tiene gran relevancia en el desarrollo de los hábitos, es su liberación ante un acontecimiento inesperado o imprevisto. Por ejemplo, cuando una persona que está tranquilamente sentada en un parque se ve sorprendida inesperada y repentinamente por la aparición de un amigo. Esto refuerza la idea de la importancia que tiene la recompensa en el bucle del hábito, aún más cuando hablamos de las recompensas inesperadas o inciertas.

Cuando realizamos una acción y el resultado es diferente a lo que esperábamos que sucediera, nos encontramos ante un concepto llamado *error de predicción*. Este error hace que las neuronas liberen repentinamente una cantidad de dopamina que es directamente proporcional a la magnitud de ese error; es decir, cuanto mayor sea la sorpresa del resultado, más dopamina se va a liberar en nuestro cerebro, lo que aumentará la motivación del individuo y, además, facilitará y reforzará las conexiones neuronales que forman la vía entre la acción realizada y el refuerzo o placer que produce. Sin embargo, en casos en los que la respuesta supone un placer que con el paso del tiempo deja de ser novedoso, pero sigue siendo agradable, es posible que la liberación de dopamina sea más débil, aunque constante, y esto contribuirá al mantenimiento del deseo y a la motivación para seguir desarrollando dicho hábito.

En resumen, las recientes investigaciones realizadas han permitido desarrollar una nueva hipótesis acerca del papel de la dopamina: proponen que dicho neurotransmisor, más que producir placer, motiva a actuar para buscarlo. Según esta hipótesis, el sistema motivacional de la dopamina tiene dos funciones primordiales:

1. Movilizar al individuo hacia el seguimiento de los refuerzos y la consecución del placer, es decir, aumentar la motivación y el deseo de conseguirlo.
2. Hacer que el individuo sea sensible hacia los predictores ambientales de esos refuerzos, es decir, gracias a la dopamina es posible identificar dónde encontrar placer y proporcionar el impulso para conseguirlo.

Motivación y sistemas de recompensa

Debido a que la motivación produce el impulso necesario para entrar en acción y enfrentar los retos que puedan presentarse, se la ha relacionado con la actividad del sistema de recompensa y con la posibilidad de imaginar los beneficios que se obtendrán en el futuro al lograr un objetivo.

Figura 5.1. Motivación y sistema de recompensa

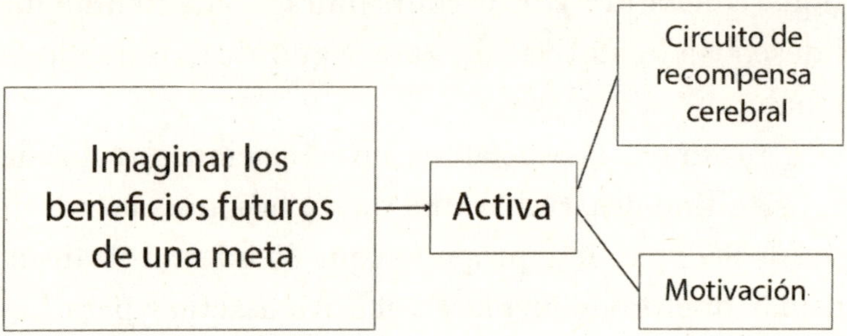

Fuente: M. Castro, Asociación Educar, 2014.

Al ser la motivación uno de los elementos fundamentales para el desarrollo de nuevas conductas y, por lo tanto, fundamental para el cambio y la formación de hábitos, es importante tener en cuenta que ésta depende de que el cerebro pueda imaginar las posibles recompensas en el futuro para ponerse en acción y de la capacidad de mantener la automotivación a lo largo del tiempo para alcanzar los objetivos propuestos.

Es entonces cuando pueden presentarse algunas dificultades, ya que, ante la presencia de obstáculos, será necesario mantener la conducta deseada con voluntad y entusiasmo. Por lo tanto, para mantener la motivación orientada al logro de un objetivo, hay que tener en cuenta el papel que cumple la atención para encaminar las acciones hacia el objetivo y para distinguir las recompensas o beneficios en el futuro. Para ello es conveniente gestionar de manera consciente el sistema de atención de nuestro cerebro, para evitar distractores que nos hagan perder el enfoque y con ello alejarnos de los planes y metas propuestos.

6

¿Cómo se forman los hábitos?

Como hemos visto en capítulos anteriores, la formación de hábitos es el proceso a través del cual las actividades o comportamientos se vuelven automáticos mediante la repetición constante de dicha actividad. Existen hábitos que se forman de manera innata, es decir, la persona no los planea, pero también hay hábitos que pueden cultivarse o eliminarse premeditadamente para adaptarse a las metas o propósitos personales. Estos últimos se denominan *hábitos adquiridos*.

En el cerebro, un hábito es una red de conexiones entre neuronas, como un camino ya trazado. Al repetir una acción de manera constante, se va formando una ruta entre las neuronas que facilita que el cerebro pueda ejecutar esa acción repetida en el pasado con menos esfuerzo que el que requiere empezar una nueva acción, porque para ello se requiere que se establezcan nuevas conexiones para formar un nuevo camino que antes no estaba trazado. Así sucede en el ejemplo de la ruta hacia el lugar donde se desempeña un nuevo empleo: después de un mes de seguir el mismo camino, es muy probable que la acción quede grabada en el cerebro en forma de hábito, en el que la repetición constante es el elemento fundamental.

Figura 6.1. Curva de aprendizaje en la formación de hábitos

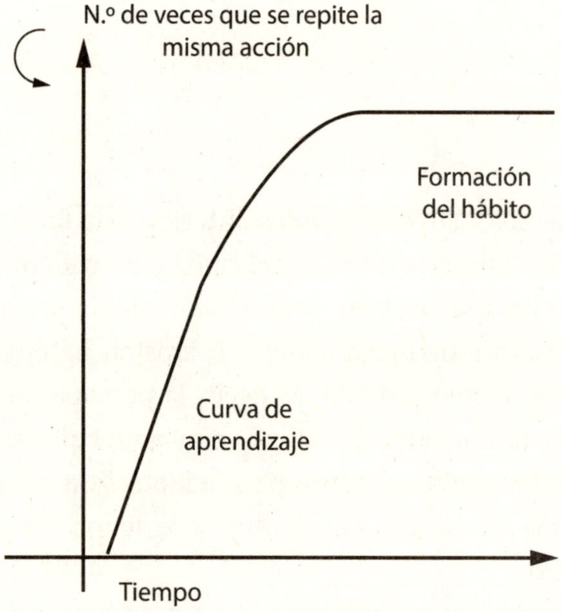

En la figura puede verse una curva de aprendizaje en la que la acción requiere voluntad (es decir, que se decide antes de realizarla), pero luego de un tiempo se produce una meseta, lo que significa que ya no hay aprendizaje y se ha establecido el hábito.
Fuente: elaboración propia a partir de Tania Sanz, «Los hábitos, qué son, cómo se forman y cómo cambiarlos según la ciencia», *Habitualmente*, 2014, <https://habitualmente.com/los-habitos-segun-la-ciencia/>.

Ahora que ya conocemos más a fondo los procesos cerebrales para fijar un hábito y establecerlo como un camino cotidiano de nuestras acciones, en este capítulo pretendemos mostrar cuáles son los procesos de adquisición de estos hábitos. ¿Cómo llegan los hábitos a formar parte de nuestro sistema cognitivo?

Procesos de adquisición de un hábito

Gracias a diversas investigaciones,[10] se ha descubierto un patrón neurológico de tres pasos que forma el núcleo de cada hábito (véase figura 6.2):

- Señal: es un disparador que le dice al cerebro que entre en modo automático y hace que el comportamiento se desarrolle.
- Rutina: es el comportamiento en sí y la acción que se realiza.
- Recompensa: ayuda al cerebro a determinar si vale la pena recordar o no un ciclo de hábito en particular.

Generalmente, los hábitos tienen recompensas inmediatas o latentes. Los hábitos que brindan recompensas inmediatas son más fáciles de adquirir y acondicionar, mientras que los que postergan la recompensa son más difíciles de cumplir y mantener.

Para entender mejor el proceso de formación de los hábitos, podemos acercarnos al enfoque conductista de la psicología. En esta corriente, la repetición constante de ruti-

10. Duhigg, C., *El poder de los hábitos*, Urano, Barcelona, 2012.

nas es la que permite que se produzca un condicionamiento estímulo-respuesta, fijando una conducta que responde a un estímulo específico. Este condicionamiento se construye a través de redes en el cerebro que se fortalecen con la repetición de la conducta. Lograr que un individuo genere un cambio en su mentalidad que lo conduzca a cambios en el comportamiento implica necesariamente la generación de nuevas redes neuronales. De forma que podemos afirmar que los hábitos son resultado de un condicionamiento que se ha establecido previamente, pero que son completamente modificables.

Figura 6.2. El bucle del hábito

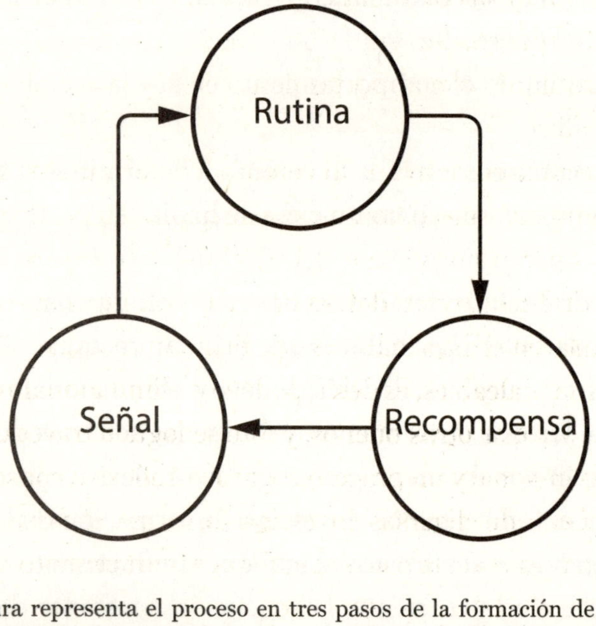

La figura representa el proceso en tres pasos de la formación de hábitos: señal, rutina y recompensa.
Fuente: elaboración propia a partir de C. Duhigg, *El poder de los hábitos*, Urano, Barcelona, 2012, p. 39.

Algunos investigadores[11] consideran que para cambiar un hábito negativo se requiere establecer, como bien plantea el conductismo clásico, una nueva asociación. Lo fundamental para lograr este cambio en el comportamiento es encontrar las señales que inician la acción y practicar otra respuesta ante ellas.

De esta manera, sabemos que existen tres métodos para alterar los comportamientos negativos:

1. Umbral: consiste en introducir un estímulo débil y luego aumentarlo con el tiempo.
2. Fatiga: se trata de repetir la respuesta no deseada al estímulo hasta cansarse, con la finalidad de que se extinga la conducta no deseada.
3. Respuesta incompatible: consiste en emparejar un estímulo con algo más deseable.

Los hábitos controlan la vida de los individuos, aunque éstos no sean conscientes de ello. Esto es debido a que los hábitos operan por debajo del nivel del pensamiento consciente; de hecho, cerca del 50 por ciento de las acciones que realizamos en el día a día son respuestas automáticas. Sin embargo, son maleables, es decir, podemos eliminar malos hábitos y desarrollar otros buenos, y esto se logra a través de una decisión racional y un proceso cognitivo-reflexivo consciente.

A través de diversas investigaciones en el área de las neurociencias y de la psicología del comportamiento,[12] se ha

11. Schunk, D. H., *Teorías del aprendizaje*, Pearson Educación, México, 2012.

12. Wood, 2019.

determinado que existen tres bases para la formación del hábito: el entorno, la recompensa y la repetición.

Figura 6.3. Bases de la formación del hábito

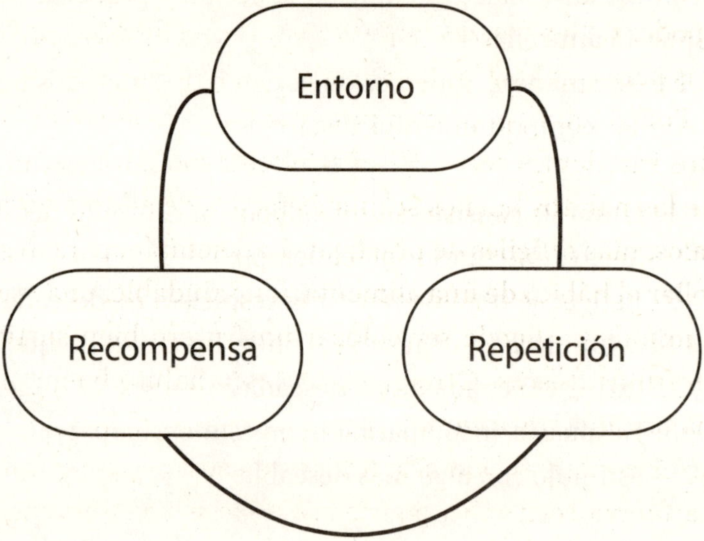

Fuente: elaboración propia.

Entorno: puede moldear los hábitos que se desarrollan

El comportamiento se desarrolla en función de dos elementos importantes: el individuo y su entorno. Estos elementos funcionan en una especie de equilibrio interno y externo, en el que existen fuerzas internas, como los miedos o los deseos, que hacen que el individuo se comporte de una cierta forma, y también externas, como el entorno y los factores ambientales, que influyen significativamente. Entre estas fuerzas externas están las fuerzas impulsoras, definidas como un aspecto del entorno que alienta a comportarse de cierta manera, y las fuerzas restrictivas, que ayudan a evitar un cierto comportamiento. La clave está en aprovechar el poder de las fuerzas impulsoras y de las fuerzas restrictivas para cambiar los hábitos.

Por lo tanto, el primer paso para la formación de hábitos saludables será rediseñar el entorno para permitir que los hábitos buenos sean más fáciles de adoptar, y los malos, más difíciles de practicar. Por ejemplo, para desarrollar el hábito de una alimentación saludable, una fuerza impulsora puede ser colocar un frutero bien surtido con frutas frescas. Otro ejemplo de un hábito bueno podría ser mejorar nuestra forma de estudiar para lograr mayor concentración a la hora de hacerlo; en este caso, una fuerza restrictiva podría ser dejar el teléfono móvil en otra habitación o lejos de nuestro alcance para evitar distracciones.

La idea es poder modificar los contextos que crean fricción en la vida diaria para que se puedan repetir de forma automática aquellas acciones que nos benefician. La *fricción* es la parte del contexto que hace más difícil hacer algo. A veces es difícil darnos cuenta de cómo el contexto influye en las pequeñas acciones de nuestra vida diaria, y para ello hay que recordar que el contexto es todo lo que nos rodea, las personas, las situaciones, los horarios, etcétera.

Reducir la fricción es una estrategia fundamental para empezar a cambiar nuestros comportamientos. Para ello es primordial identificar dichos contextos, una tarea nada fácil para la mente consciente y ejecutiva. La buena noticia es que con el tiempo se convierte en algo habitual y se olvida la necesidad de prestar atención, de manera que el esfuerzo realizado al principio tiene resultados que duran a largo plazo. La clave está en saber cómo situarnos en contextos dotados de las fuerzas adecuadas para conseguir nuestros propósitos o bien para conocer el poder de los condicionantes del entorno para facilitar o dificultar una acción.

Si sabemos que al controlar nuestro entorno podremos controlar mejor nuestras conductas, queda claro entonces que en el proceso para desarrollar nuevos hábitos será fundamental no sólo el autocontrol, sino también la modificación de nuestro contexto. Se ha observado[13] que una de las principales fuentes de fricción son los demás, es decir, las personas de nuestro entorno pueden ser útiles o perjudiciales para conseguir nuestros objetivos. Será difícil que una persona con un alto nivel de compromiso y autocontrol trabaje con individuos que no son eficaces o que invierten poco esfuerzo y orden en sus proyectos. Por eso es tan importante elegir adecuadamente a nuestros colaboradores y a las personas que nos acompañan en la vida cotidiana, porque será fundamental para comenzar a modificar nuestro entorno y encaminarnos hacia un mejor desarrollo de nuestros objetivos, teniendo siempre en mente que reducir la fricción es una herramienta que nos permitirá acercarnos al logro de nuestras metas.

13. Ibídem.

Repetición: la repetición constante de una acción es un paso clave para formar un hábito

En capítulos anteriores abordamos los procesos cerebrales necesarios para la formación de hábitos dentro de nuestro sistema cognitivo. A partir de estos procesos sabemos que la repetición es muy importante para generar cualquier tipo de hábito, por lo que si se desea que un hábito perdure vale la pena invertir el tiempo necesario en repetir la acción de forma consciente.

Existe la creencia de que se requieren veintiún días de repetición de la acción para que se forme un hábito y dejarlo fijado en el cerebro. Sin embargo, lo que se sabe es que para procesos simples, los hábitos se pueden adquirir en menos de dos meses, y para procesos sobre los que tenemos un mayor control, aunque no sean simples, el promedio de repeticiones es de sesenta y siete días; en otros casos, cuando se trata de procesos que cuestan más trabajo, se requieren incluso más de noventa y un días para formar el hábito.

Así pues, para desarrollar un nuevo hábito no solamente hay que repetirlo, sino además hacerlo en un contexto de apoyo que facilite seguir haciendo lo mismo una y otra vez, y además hay que asegurarse de que sea gratificante, si no, habrá que agregar una recompensa inmediata.

Recompensa: para formar un hábito se necesita experimentar una sensación de recompensa

Como ya hemos visto, las investigaciones científicas demuestran que las recompensas sirven para que un hábito se mantenga, por lo que se le ha dado a la dopamina un papel relevante en la formación de hábitos, ya que ésta se encarga de que la experiencia sea memorable y arraigue más fácilmente.

Queda claro entonces que es más fácil que se repitan comportamientos divertidos o placenteros. Por lo tanto, si vamos a hacer algo, es importante que esto sea lo más gratificante posible. Además, hemos visto también que cuando las recompensas son sorpresivas, funcionan mejor, por el efecto que genera lo nuevo, lo diferente en el sistema cerebral.

El conductismo y la formación del hábito

Diversos autores de la teoría psicológica conductista han identificado la formación del hábito como un proceso de condicionamiento. En dicha teoría, los referentes clásicos para el diseño de diversas metodologías para la adquisición o el cambio de hábitos son el condicionamiento clásico de Pávlov y el condicionamiento operante de Skinner.

Pávlov observó, a través de la experimentación en animales, que mediante un procedimiento de tres fases podría lograr que un estímulo inicialmente neutro provocara una respuesta condicionada.

Desde esta perspectiva, el desarrollo de un hábito va a depender de que una conducta se empareje o condicione con un estímulo neutro a través de uno incondicionado o natural. Los estímulos incondicionados son aquellos que de manera natural producirán una respuesta innata en el individuo, mientras que los estímulos neutros son externos al individuo, que durante el proceso de repetición generan una relación cognitiva con el comportamiento deseado. Es decir, después de algunas repeticiones, el estímulo neutro será capaz de inducir una conducta o comportamiento deseado de manera automática sin necesidad de la aparición del estímulo natural. Para el cambio de hábitos es posible emparejar señales positivas que mejoren el cambio de comportamiento o eliminar aquellas negativas que fomentan los malos hábitos.

Para el cambio de hábitos existen metodologías que emplean un proceso de tres pasos, similar al modelo del condicionamiento operante formado por tres etapas:

1. Señal (estímulo discriminativo)
2. Rutina (respuesta o conducta)
3. Recompensa (estímulo reforzante)

Así pues, se prioriza la señal o recordatorio como elemento crucial en el cambio de hábitos y el empleo de un reforzador (positivo o negativo) para lograr la repetición de la conducta deseada. Es importante resaltar que la diferencia entre este tipo de condicionamiento y el condicionamiento clásico es que, en el operante, el comportamiento es voluntario y está basado en las consecuencias de la acción.

Basadas en este tipo de condicionamiento (el clásico), existen también otras metodologías que se enfocan en el condicionamiento emocional empleando algunas estrategias o procedimientos de desensibilización ante algunas ideas, creencias o pensamientos limitantes que de alguna forma impiden u obstaculizan el cambio de hábitos.

Lo importante de reconocer el término de emparejamiento en el condicionamiento emocional es que éste puede apoyar el logro del cambio de hábitos que involucran emociones desagradables, como pueden ser la ansiedad o el miedo, que se manifiestan en la persona al llevar a cabo una conducta o comportamiento que le genera emociones de malestar. Es importante destacar que en la mayor parte de las ocasiones estos aprendizajes han sido adquiridos a través de eventos condicionados por vivencias previas, en las que debió de existir una interpretación o significación adversa o negativa para la persona, y justo ese significado que quedó grabado en su memoria es el que detona las sensaciones emocionales no deseadas que impiden el cambio.

Así, pues, es importante recurrir a la desensibilización a través del emparejamiento del evento desagradable y el agradable, o, por decirlo de otra manera, del evento que no se desea experimentar (que representa el miedo o la ansiedad) y el evento que es más deseable experimentar. Al emparejarlos, se puede lograr la disminución de la ansiedad y la adaptación de la persona, de tal manera que pueda lograr llevar a cabo el comportamiento buscado.

El condicionamiento clásico, en su vertiente del condicionamiento emocional, es muy necesario e importante, sobre todo cuando las personas son conscientes de que sufren alguna situación traumática que les impide lograr el cambio de comportamiento y, por ende, de hábitos debido a las emociones que éstos les generan, que en su mayoría son negativas y que pueden ser experimentadas por la persona con mucha fuerza e intensidad.

Un estímulo reforzante será cualquier acontecimiento o consecuencia que aumenta la posibilidad de que la conducta se repita en un futuro (reforzador positivo). En cambio, un reforzador negativo es aquel que, al ser eliminado, incrementa la posibilidad de que la respuesta vuelva a presentarse en un futuro.

Cuando estamos tratando de conseguir un cambio de hábitos, un reforzador positivo ayudará a que la conducta se vuelva a presentar. En este sentido, para el modelo de la formación del hábito, la recompensa serán los reforzadores (positivos o negativos) que fortalezcan la conducta o el comportamiento deseado.

En conclusión, como hemos podido observar a lo largo de este capítulo, la mayoría de los procesos que se aplican para llevar a cabo la formación de hábitos están sustentados en la teoría psicológica del conductismo. Por lo general se centran en la vertiente del condicionamiento clásico y del operante. Lo importante de esta corriente psicológica en la formación del hábito es que se ha comprobado científicamente que es la más eficiente a la hora de fijar un hábito a partir de la repetición y el refuerzo, lo que da pauta a la automatización de la conducta para obtener el comportamiento deseado. El principio de automatización del hábito se da cuando el circuito neuronal de un hábito se activa por la repetición constante de las acciones, lo que genera conexiones neuronales más fuertes, y esto hace que sea más eficiente la comunicación entre las neuronas involucradas. Podemos hacer una analogía de este principio con una vereda en el campo: ésta se irá ampliando conforme la va utilizando más gente, de tal manera que cuanto más se use, más probable será que se convierta en un camino más fluido y, por tanto, más personas transitarán por él.

En el siguiente capítulo se abordan los factores que determinan el logro, tanto los que tienen que ver con la propia persona (factores internos o de la personalidad) como los derivados del contexto.

7

Teoría del logro: relación entre talento y esfuerzo, y entre habilidad y logro

En este capítulo intentaremos conocer con mayor precisión los fundamentos teóricos que hay detrás de los factores para conseguir el logro, así como identificar los elementos propios de la personalidad y del contexto que contribuyen o posibilitan la consecución del éxito en las personas, independientemente de la actividad a la que se dediquen. Además, pondremos de manifiesto aquellos factores que están relacionados fuertemente con el logro en el ámbito del desarrollo de las personas.

Hablar de logro no es tan sencillo, ya que el término tiene distintas connotaciones dependiendo de las esferas de estudio, interpretación y aplicación que se traten. La teoría del logro más reciente[14] propone la creación de un concepto llamado *grit*, que se define como un rasgo de la personalidad relacionado con la perseverancia y la pasión por alcan-

14. Duckworth, A., *Grit: el poder de la pasión y la perseverancia*, Urano, Barcelona, 2016.

zar metas a largo plazo, con la pasión y la perseverancia en el esfuerzo como sus dimensiones más características.

Desde esta perspectiva teórica, la falta de talento o de una inteligencia sobresaliente no representa ninguna limitación en lo que pudiéramos llegar a ser o lograr en la vida. Durante las investigaciones desarrolladas para establecer la teoría del logro, se descubrió que aquello que logramos depende más de nuestra pasión y de la perseverancia que tengamos a la hora de perseguir las metas y los objetivos que deseamos alcanzar, que de si tenemos o no habilidad natural para ello.

De acuerdo con el filósofo Kant, la pasión es un acto de la facultad de desear, aunque no con las connotaciones morales como pretende Kant; aquí nos referimos a la pasión como un anhelo, ganas de ser, hacer o conseguir algo intencionalmente que sea positivo para nuestras vidas. La perseverancia consiste en un esfuerzo continuo y es una fortaleza del carácter, que se relaciona con la fuerza de voluntad de la persona o se fundamenta en ella. El *grit* tiene que ver con las ganas de ser, hacer y conseguir algo con esfuerzo, coraje, determinación, constancia y tenacidad. Al igual que ocurre con el desarrollo de hábitos positivos para el logro, estas habilidades también se pueden educar, entrenar, inducir o despertar en la persona con amor y conocimiento.

Siguiendo esta línea, se estableció también que amar lo que se hace puede hacer que dicha actividad se convierta en más que un empleo, una verdadera vocación. Intentar ser más apasionado y perseverante, plantearse desafíos cada día y enfrentarlos con valor, ser resiliente ante los momentos difíciles levantándose tras cada caída y seguir adelante hasta conquistar la meta, eso es tener *grit*, y es la clave del logro.

Desde hace mucho tiempo, la creencia general de la sociedad es que el logro se asocia sólo con las personas con talento. Sin embargo, múltiples investigaciones y especialistas en el tema[15] han demostrado que lo que decide lo lejos que llegaremos en nuestra vida, además del talento, es nuestro esfuerzo como factor de logro. Llevar nuestra energía y esfuerzo al siguiente nivel, hasta alcanzar los propios límites, permitirá que logremos nuestros objetivos paulatinamente, al tiempo que se va reduciendo la brecha entre el estado real de la capacidad personal y el gran potencial que todo individuo lleva dentro. Si tanto los recursos físicos como los mentales que el individuo muestra al mundo constituyen sólo una pequeña parte, significa que todo su potencial permanece dormido, esperando ser despertado por algún interés genuino que mueva sus energías y recursos hacia el logro de aquello que le motiva.

Entonces, la idea del *grit* se propuso como un sinónimo de perseverancia y pasión por las metas, y llegó a ser considerado incluso más relevante que tener talento: la combinación de pasión y perseverancia es lo que distingue a los grandes triunfadores de aquellos a quienes les cuesta más tiempo y trabajo lograr sus objetivos. Por lo tanto, las personas que muestran altos niveles de *grit* tendrán al menos la posibilidad de desarrollar mayores niveles de persistencia en la consecución de sus objetivos, incluso a pesar de enfrentar problemas, contratiempos, distracciones u otras

15. Ibídem.

formas de interferencia en el logro a través de la resiliencia, el coraje, la perseverancia y la tenacidad. Las investigaciones revelaron que el *grit* cambia, no siempre es el mismo, y de hecho se considera que es algo que puede desarrollarse.

Algunas investigaciones[16] han estudiado distintas áreas del desarrollo humano con el fin de encontrar los puntos en común entre las personas exitosas pertenecientes a distintos sectores, como militares, académicos, áreas de la salud, atletas de alto rendimiento en el ámbito deportivo, etcétera. A través de la observación de estas experiencias de logro, se pudieron identificar los ambientes y las características que distinguen a la excelencia humana y que sirven ahora como referencia y sustento para desarrollar una propuesta de los factores de logro que contempla este texto.

A partir de esta investigación, se ha descubierto que todas aquellas personas exitosas, como los nadadores de alto rendimiento, los soldados disciplinados y sobresalientes, y los estudiantes de excelencia, son talentosos y afortunados, pero sobre todo se observó que todos ellos tienen una enorme determinación, que se manifestaba de dos maneras: por un lado, mostraban una fortaleza y tenacidad fuera de lo común, es decir, son altamente activos y firmes en su propósito, y por el otro, sabían con mucha seguridad lo que querían en la vida. Son personas esencialmente resilientes, si fracasan no se dan por vencidos, aprenden de sus errores y continúan esforzándose al máximo para lograr su objetivo.

La característica principal de estos grandes triunfadores es su maestría en la perseverancia, poco a poco van mejo-

16. Chamblis, 1989. Duckworth, *op. cit.*

rando su desempeño, no se sienten satisfechos con lo que han logrado y creen que siempre pueden mejorar. Lo curioso de los resultados es que se detectó que la mayoría creía que no eran lo suficientemente buenos en lo que hacían y tampoco esperaban alcanzar aquello que ambicionaban. Iban logrando objetivo tras objetivo hasta llegar a la meta final. Además, mostraron satisfacción con cada pequeño logro y se mantenían insatisfechos respecto al resultado final que esperaban alcanzar. Cada uno perseguía aquello que consideraba interesante e importante para su vida, buscaban que cada parte del proceso fuera tan gratificante como el logro en sí mismo. Eran valientes, estaban dispuestos a hacer cualquier cosa, por difícil, tediosa, frustrante o desagradable que fuera; el objetivo era llegar hasta el final a cualquier precio, manteniendo su actitud apasionada todo el tiempo. Podríamos decir que todos los grandes triunfadores se distinguían por su pasión y perseverancia (*grit*).

De esta situación se puede deducir que, aunque la persona crea que no es suficientemente capaz, aunque piense que no está mentalmente equipada con habilidades y fortalezas para lograr grandes cosas y vivir una vida satisfactoria, mientras quiera hacerlo, mientras sienta que es importante para su vida, y permanezca con perseverancia y pasión esforzándose al máximo, saldrá adelante ante cualquier reto.

Además, si en cada pequeño objetivo logrado festeja y disfruta su éxito, tendrá el deseo de seguir y lograr el siguiente objetivo hasta concluir todo el desafío. Duckworth observó que hay personas muy talentosas que se desempeñan de forma extraordinaria mientras todas las cosas les van bien, pero cuando les empieza a ir mal, se derrumban y terminan abandonando.

Tener *grit* ayuda a tener éxito en cualquier situación difícil de la vida. Entonces, podemos aseverar que hay varios factores determinantes del éxito, tales como: la determinación, la fuerza de voluntad, la fortaleza mental y emocional, la perseverancia, el esfuerzo, la disciplina, las habilidades, la determinación, la tenacidad, la resiliencia, el aprendizaje, la perseverancia, la pasión, la ambición, la creencia de ser suficientemente capaz para lograr cualquier propósito en función de nuestras propias capacidades, entre otros. Éstas son las características protagonistas, el combustible, los instrumentos clave para el logro de grandes hazañas.

La *determinación* es una característica personal que conduce a la persistencia del esfuerzo; la permanencia y el desempeño del individuo están asociados a personas con tendencia a tener éxito en cualquier contexto de logro, y se relacionan positivamente con la satisfacción con la vida.

Se ha encontrado que los individuos que se perciben a sí mismos con *altos niveles de autoeficacia* en el ámbito en el que se desarrollan, tienen altas aspiraciones y mayor perseverancia en las tareas, y muestran una conducta de disfrute al realizar las actividades propias de su ámbito de experiencia, experimentan constantes estados de *flow*, entendido como una *experiencia óptima*; en cambio, los individuos que presentan *baja autoeficacia* son menos aspiracionales y perseverantes.

Mihály Csikszentmihályi,[17] que formuló la teoría de la

17. Csikszentmihályi, M., *Fluir (*flow*): Una psicología de la felicidad*, Editorial Kairós, Barcelona, 2000.

experiencia óptima o flow, define este concepto como un estado interno en el que la persona se encuentra completamente entregada en cuerpo y alma a una actividad para su propio placer y disfrute, durante la cual no siente que pasa el tiempo, y las acciones, los pensamientos y los movimientos pasan unos tras otros sin pausa.

La *autoeficacia* en las personas se nutre de los siguientes cuatro elementos: las experiencias exitosas, la experiencia vicaria que se da con la observación de los logros de otras personas, la persuasión verbal, y los estados emocionales y somáticos. Las personas con altos niveles de *grit* (perseverancia y pasión) no se desvían de sus metas y objetivos, aunque no reciban una palmadita en la espalda ni retroalimentación positiva, como «¡Vas bien, sigue así!». Trabajan arduamente para enfrentar los desafíos, mantienen el esfuerzo y el interés durante años, a pesar de las caídas, los fracasos y las adversidades que puedan atravesar en el proceso.

8

Factores para desarrollar hábitos para el logro

Partiendo de las conclusiones obtenidas en el análisis de los distintos ámbitos de desarrollo humano en los que se muestran altos niveles de desempeño de las personas en el logro de las metas y los objetivos que se plantearon conseguir, se llegó a conformar un conjunto de factores que se consideran relevantes y determinantes para tener éxito casi en cualquier actividad humana, como, por ejemplo, áreas militares, deportivas, artísticas, educativas, laborales, empresariales y de la salud, entre otras.

Los factores encontrados corresponden al ámbito personal y ambiental, es decir, factores internos propios de cada persona y los factores derivados del contexto donde se desenvuelve el individuo, que inciden directamente en su capacidad de logro, ya sea propiciándolo o limitándolo.

Los hallazgos indican que en su gran mayoría, la capacidad de logro está determinada por los factores internos de la persona, como el autoconocimiento, el esfuerzo, la resiliencia y la inteligencia emocional, por mencionar sólo algunos.

En algunos casos se han agrupado factores subordinados a un factor principal, es decir, se tienen en cuenta subfactores que también son importantes para desarrollar hábitos para el logro. Por ejemplo, al factor *autoconocimiento* se le incorpora la descripción del autoconocimiento de la persona, el autoconcepto, la autopercepción, la autoobservación y la memoria autobiográfica.

En cambio, en el caso de los factores externos, sólo se consideró el contexto de desarrollo de la persona, con sus distintos niveles de incidencia sobre el individuo, como un subfactor, integrado, eso sí, por diferentes elementos, como la familia, los amigos, la escuela, las instituciones, la cultura, la economía, la política y lo social, que inciden de forma directa o indirecta en el logro de las personas.

Es importante destacar que todos estos factores son elementos trascendentales para el logro, ya que cuando una persona los conoce, puede tomar conciencia de ellos y utilizarlos como herramientas para alcanzar sus metas. Es fundamental tener claro que el logro de los resultados deseados no es tarea fácil, que no sucede sólo por desearlo y planearlo, sino que se requiere pasar a la acción de forma masiva y enfocada, porque en el camino nos encontraremos con una serie de inconvenientes y obstáculos que sólo serán franqueados si se usan deliberadamente estos factores de logro, tanto los de carácter interno como los externos, ya que son la pieza clave para culminar con éxito cualquier tarea que se emprenda en la vida.

Factor autoconocimiento

El concepto de autoconocimiento ha existido desde que el hombre es consciente de sí mismo. En la Antigua Grecia, en las ruinas del templo de Apolo en Delfos, se halló una inscripción en una piedra que decía: «Conócete a ti mismo».

En esencia, el autoconocimiento es el camino que nos conduce a entendernos y conocernos en todos los aspectos de la vida. En la filosofía romana se creía que el hombre que explora su alma se conoce a sí mismo, y así toma conciencia de su naturaleza y asume su lugar y su función en el mundo.

El autoconocimiento es un trabajo personal arduo, que permite el avance integral del individuo. Para empezar a desarrollarlo, es necesario adquirir conciencia de nuestros actos para estar en condiciones de reflexionar sobre uno mismo, buscar las causas que los provocan y hacer los cambios que se requieren para cambiar la conducta inadecuada que se ha identificado. Este proceso conlleva una gran responsabilidad y una profunda honestidad para reconocerse, contemplarse y desenmascararse con la finalidad de obtener una imagen realista de uno mismo.

Mediante este proceso de contemplación, reflexión y búsqueda interior se encuentra de forma consciente el estado de imperfección humana en el que se halla la persona, y en la intimidad de su ser, puede despojarse de las distintas máscaras que presenta ante el mundo con la finalidad de encontrar sus defectos y flaquezas, esas acciones defectuosas cometidas por debilidad que es necesario analizar bien para comprenderlas y estar en condiciones de intervenir sobre ellas, para controlarlas y dirigirlas por la senda correcta. Por ejemplo, todos los hábitos negativos son defectos que pueden corregirse en beneficio de nuestros logros y de nuestro bienestar.

Desde la perspectiva de la psicología, el autoconocimiento es el resultado de un proceso de reflexión y autocrítica que lleva a cabo un individuo con el objeto de obtener nociones sobre las características de su identidad. Este proceso, además de permitir encontrar los defectos, también sirve para descubrir los intereses, los objetivos y las metas genuinas por las que debemos luchar y enfocar nuestros esfuerzos hasta hacerlas realidad.

El autoconocimiento implica un proceso que lleva al individuo a conocer todo sobre él mismo y que le permite aprender a identificar sus cualidades y capacidades (físicas, cognitivas y emocionales), sus defectos (comportamientos desagradables, como apatía, orgullo, pereza, envidia, irresponsabilidad, deslealtad, agresividad, etcétera), sus debilidades (miedo, procrastinación, intolerancia, impaciencia, inconstancia, indecisión y todas aquellas conductas que nos ponen en desventaja a la hora de cumplir los propósitos personales), sus gustos e intereses, sus conocimientos y sus experiencias, sus habilidades, sus objetivos, metas y demás contenido de la psique que determina la forma de proceder.

Conocer nuestra esencia, nuestras distintas inteligencias, la fortaleza física (fuerza, flexibilidad, resistencia, velocidad, etcétera), la resistencia mental, emocional y psicológica (miedo, preocupación, sacrificio, tesón, atención y enfoque, esmero, imaginación y creatividad, sugestión y visualización mental de resultados, entre otros), conocer los aspectos y las cualidades positivas de nuestra personalidad es especialmente útil, y no sólo para cambiar los defectos, las flaquezas, los patrones de conducta y los hábitos negativos, sino también para hacer realmente cambios importantes a nivel personal y profesional. Desde la perspectiva de la psicología positiva, nos podemos apoyar en las fortalezas psicológicas para lograrlo, ya que éstas promueven un funcionamiento óptimo del ser humano.

Autoconocimiento y autoconcepto

Desarrollar la capacidad de autoconocimiento habilita al individuo a dirigir la atención hacia sí mismo y tener conciencia de los distintos aspectos que conforman su identidad. Esta capacidad le permite al ser humano percibirse de una forma determinada: al examinar sus cualidades y capacidades, las emociones, los pensamientos y las conductas que lo hacen diferente a los demás, va configurando y reconociendo su autenticidad a través del autoconocimiento, al mismo tiempo que va construyendo su autoconcepto.

El autoconcepto tiene muchas dimensiones de análisis, sin embargo, desde el punto de vista científico se han estudiado cuatro dimensiones:

1. Dimensión física
2. Dimensión académica
3. Dimensión personal
4. Dimensión social

Para obtener un conocimiento real de nosotros mismos es necesario tener una visión crítica de cada una de las dimensiones que conforman al ser humano. Cada dimensión es un ámbito de desarrollo del individuo que tiene distintos estados o situaciones en los que se encuentra, desde el punto de vista físico, psicológico, mental, anímico-emocional, espiritual, social y académico, entre otros.

El autoconocimiento implica conocer las cualidades de cada uno de estos ámbitos, las características personales cognitivas, como conocimientos, experiencias, inteligencias, y las características físicas, como fuerza, resistencia, equilibrio y velocidad, entre otras. Cualidades psicológicas, mentales, emocionales, aspiracionales, motivacionales, fortalezas, persistencia, atención, cuidado, imaginación y visualización de resultados, incluso las limitaciones, todas son de gran relevancia para el cambio de hábitos y el logro de metas.

Se espera que con la práctica del conocimiento de uno mismo, el despertar de la consciencia y el uso de la fuerza de voluntad, el individuo pueda encontrar y comprender los malos hábitos que minan su desarrollo como persona, que sabotean su capacidad de logro y deterioran su calidad de vida. Para lograr este propósito se abordarán más adelante algunas técnicas y herramientas que pueden ayudar al individuo a conocerse mejor para el crecimiento personal y el logro de sus metas y objetivos.

Desde la perspectiva psicológica, se pueden analizar los componentes de los rasgos personales de cualquier índole que determinan actitudes, hábitos o comportamientos que propician o sabotean el logro de objetivos y metas. No obstante, recorrer todo el proceso de conocimiento de uno mismo permite comprender y reconocer quiénes somos, qué hábitos o comportamientos tenemos y qué hay de fondo en cada uno de ellos. También sirve para aprender a valorarnos y querernos como personas. Para llegar al autoconocimiento, es necesario pasar por las distintas fases de autoanálisis:

- Autopercepción
- Autoobservación
- Memoria autobiográfica
- Autoaceptación
- Autoestima

Autopercepción

La autopercepción es la capacidad humana para poner especial atención, de manera intencional, a lo que nos pasa internamente como individuos. La forma más efectiva de cambiar hábitos es tener conciencia de la existencia de cierto tipo de conductas y saber qué tipo de hábitos han arraigado en la psique del individuo, sus características y sus comportamientos relacionados.

Para lograrlo, es indispensable poner en práctica la autopercepción. Partimos del hecho de que la moral (el bien y el mal) y los incentivos personales pueden motivar para cambiar de hábitos, apoyándose en toda la serie de capacidades que se abordan en este libro como factores de logro.

La autopercepción es el primer paso del reconocimiento de patrones de conducta. Esa capacidad nos permite percibir el conjunto de características y cualidades que tenemos y que nos distinguen de los demás. Desde este punto de vista, se considera relevante llevar al individuo al terreno de la conciencia y la razón para entender sus propias conductas; las inferencias y juicios que se deriven de este proceso de percepción de sus actitudes pueden poner en evidencia la causa de sus comportamientos y así estar en posición de poder lograr un cambio de hábitos.

La autoconsciencia es la dirección de la atención al *yo* y actúa de forma directa en la regulación de la conducta. Desde el punto de vista social, la capacidad para la autopercepción es indispensable, ya que todo individuo es un ser social por naturaleza. Esta habilidad nos permite crear una concepción de nosotros mismos y de la realidad que nos rodea, en la cual nos desenvolvemos (contexto).

Autoobservación

La autoobservación es la capacidad de observarse a sí mismo en cuanto a las propias conductas, actitudes, aptitudes, circunstancias, etcétera. Es el instrumento a través del cual llegamos a conocernos y sirve también para adaptarnos a las condiciones ambientales. La autoobservación es la herramienta para iniciar el autodescubrimiento y construir el autoconocimiento, algo sumamente importante para el individuo, incluso más que la interpretación de la realidad, que es externa al sujeto.

A través de la autoobservación, el individuo va reconociendo sus capacidades, intereses, valores, hábitos, costumbres, creencias y posibilidades de desarrollo. El valor real de un individuo se obtiene por la observación atenta de sí mismo. Esta acción debe realizarse de manera continua porque el ser humano es un ente evolutivo y cambia en todo momento con cada experiencia de vida. Cada vez que se observe, debe hacerlo con mucha atención, como si nunca se hubiera visto. El autoconocimiento sirve para que la persona sepa quién es realmente, es el método mediante el cual puede formarse una opinión sobre sí mismo de forma honesta y a la vez inteligente, porque se fundamenta en la autoobservación abierta y deliberada de su comportamiento hacia los demás y ante las circunstancias de su entorno.

Memoria autobiográfica

La memoria archiva todos los sucesos relevantes para el individuo provenientes de experiencias, emociones y sentimientos generados internamente. A raíz de todos esos eventos significativos se construye una narrativa de los recuerdos que determinan su historia personal. La memoria autobiográfica almacena hechos y acontecimientos del pasado de una persona y se relaciona con el ser interno del sujeto, el *yo*, y con la experiencia del ser dentro de una cultura a lo largo del tiempo.

La memoria autobiográfica permite establecer un puente entre el pasado y el presente de la persona, de forma que basándose en sus experiencias de vida, puede plantearse planes de futuro para modificar hábitos y establecer metas personales y profesionales.

Desde esta perspectiva, la persona puede recurrir a eventos de su pasado guardados en su memoria, analizarlos para comprender su estado presente e intentar realizar cambios en su vida trazando nuevas metas para un futuro más prometedor a partir de la observación de su trayectoria autobiográfica.

Autoestima

La autoestima es la valoración que cada persona hace de sí misma en función de las percepciones que tiene de sus rasgos personales, ya sean físicos, mentales, emocionales, espirituales o cognitivos; de su forma de ser, de sus propias capacidades y de la percepción que cree que los demás tienen de ella; de la evaluación de sus actitudes, hábitos o comportamientos; de los pensamientos, emociones y sentimientos positivos o negativos.

La autoestima y el autoconocimiento están fuertemente relacionados, igual que las capacidades antes descritas. Son el resultado de un proceso reflexivo mediante el cual el individuo obtiene cierta noción de su persona, de sus cualidades o características, por lo tanto, no puede haber autoestima sin autoconocimiento. Aunque ésta sea inconsciente, existe para el individuo, y controla nuestra vida consciente o inconscientemente.

La autoestima es un factor de gran importancia en la vida de un ser humano, es el sentimiento y la experiencia de sentirse competente y suficiente para enfrentar la vida, y estar en condiciones de cubrir sus necesidades. Si una persona tiene una baja autoestima, se creerá incapaz de hacer algo bien, y viceversa, alguien con una alta autoestima o equilibrada se siente y se sabe apto para lograrlo. Básicamente se basa en el desarrollo de la autoconfianza en dos vertientes: por un lado, la confianza en la propia capacidad para pensar y afrontar los retos de la vida cotidiana, y por otro, la certeza de tener derecho a la dignidad y la felicidad, el merecimiento y disfrute del fruto de sus esfuerzos.

La autoestima es un aspecto de gran relevancia en la vida de una persona, ya que contribuye a que su existencia sea más satisfactoria, y se desarrolla a lo largo de la vida a partir de sus interacciones con otras personas y de la autopercepción: el *yo* evoluciona por medio de pequeños logros, los reconocimientos y el éxito que va obteniendo.

Todo individuo tiene el potencial para conseguir las metas y los objetivos que se proponga, pero si la autopercepción que tiene es débil, su autoestima estará por los suelos y su potencial de logro tenderá a ser nulo. Desarrollar el hábito para promover el potencial de logro y conquistar cada vez mayor autoestima le permitirá al individuo crear una vida más satisfactoria, tanto en lo personal como en lo profesional, y por consiguiente padecerá menor frustración. También servirá para seguir alimentando su autoestima y continuar en el camino hacia la autorrealización.

Autoaceptación

La autoaceptación está contenida en la autoestima del individuo, lo que significa que una persona con autoestima positiva tiene la capacidad de aceptarse tal como es. Dicha aceptación previene que caiga en una relación de odio o rechazo hacia sí mismo. La autoaceptación comúnmente suele referirse a la aprobación de todos los aspectos de nuestra personalidad: físico, mental, emocional, etcétera.

Una persona con una buena autoaceptación sabe que tiene virtudes y defectos, que tiene hábitos buenos y malos, que tiene perfecciones e imperfecciones físicas que no requieren modificarse o perfeccionarse para desenvolverse apropiadamente en el mundo, porque las concepciones realistas que se hacen del *yo* conducen a la autoaceptación, la salud mental y el logro de metas realistas en función de sus características, capacidades y creencias sobre sí mismo.

La autoaceptación no sólo es un concepto difícil de entender, sino que es, a su vez, una capacidad complicada de aplicar para la mayoría de las personas debido al profundo proceso de introspección que implica para conocerse. Autoaceptarse no significa negarse al cambio o evolución y permanecer inmutable, significa no estar en conflicto con uno mismo en cada momento de nuestra existencia.

La autoaceptación se relaciona también con el autoconocimiento, porque conocernos es el primer paso para la aprobación de nuestras cualidades y defectos, y ésta conduce a la autoaceptación, a tener sentimientos de valía que fortalecen la autoestima —la cual nos ayuda a aceptarnos a nosotros mismos, a tener salud mental—, y también al logro de metas, lo que a la postre produce un ciclo virtuoso de desarrollo de las potencialidades humanas.

La aceptación de uno mismo es el reconocimiento y la admisión de los hechos de nuestro propio ser. Cuando el individuo descubre quién es, desaparece el conflicto interno y la ansiedad, porque lo que percibe de quién es y lo que quiere ser comienzan a encontrarse, y entonces puede darse la autoaceptación sin luchas internas. La autoaceptación implica asumir que lo que pensamos, sentimos y hacemos son expresiones de lo que somos en el momento en que suceden.

Para efectos del desarrollo y el cambio de hábitos, la autoaceptación de los comportamientos, los hábitos y las costumbres inadecuadas, desaprobatorias, humillantes o dañinas puede conducir al cambio de forma más fácil al reconocerse y aceptar que nos encontramos en cierto estado.

Autoeficacia

La autoeficacia es una competencia personal, amplia y estable sobre cuán efectiva puede ser la conducta de una persona para afrontar una variedad de situaciones potencialmente estresantes. De manera general, la autoeficacia es la creencia estable que tiene un individuo sobre su capacidad para manejar de manera adecuada una amplia variedad de estresores de la vida cotidiana, o la percepción de nuestra competencia personal para manejar de forma eficaz una gran variedad de situaciones estresantes.

Algunos investigadores[18] han realizado estudios para pro-

18. Salanova, M., Llorens, S., y Shaufeli, W. B., «"Yes, I can, I feel good, and I just do it!". On gain cycles and spirals of efficacy beliefs, affect, and engagement», *Applied Psychology: An International Review*, 60, 2 (2011), 255-285, <https://psycnet.apa.org/record/2011-04484-004>.

bar cómo las creencias de eficacia influyen en el compromiso con la actividad que elige realizar una persona en cuanto al vigor, la dedicación y la entrega que le otorgan a cierta tarea. Los resultados que obtuvieron muestran que:

- Las creencias de eficacia influyen en el compromiso con la actividad indirectamente a través de su impacto en el afecto positivo a lo largo del tiempo.
- El entusiasmo es el afecto positivo con el efecto más fuerte en la participación en la actividad.
- Existe una espiral de ganancia por la cual las creencias de eficacia aumentan con el tiempo debido al compromiso y el afecto positivo (sobre todo el entusiasmo).

La creencia de autoeficacia empodera al individuo para usar adecuadamente sus facultades mentales, y la confianza en la capacidad de su mente le brinda certeza para pensar, razonar, analizar y reflexionar, procesos mediante los que juzga, aprecia, valora y elige sus actitudes o comportamientos. Es la capacidad de entender los hechos, los eventos y las condiciones de la realidad que abarca los intereses y necesidades de la persona. Es la convicción de que es capaz de conocer por sí mismo.

Como hemos visto, la autoeficacia es la capacidad, la habilidad y la creencia en el buen uso de las facultades físicas, mentales y de relación para lograr nuestros objetivos y metas, sobreponiéndonos a las vicisitudes del contexto en el que nos desarrollamos, entendiendo que esta capacidad no sólo impacta internamente en la persona de forma positiva en la manera de sentirse, también puede ayudarle a desempeñarse de manera exitosa en el cambio de actitudes, comportamientos, hábitos y costumbres negativas, para que pueda utilizar sus capacidades e inteligencias creadoras como un medio para contrarrestar las actitudes que minan su desarrollo y su capacidad de crear una mejor versión de sí misma.

Autorrealización

La autorrealización es la necesidad de todo individuo de cumplir su propio plan de vida para vivir pleno y feliz. Se define este concepto como el logro de metas a través del empleo de las fortalezas que tiene el individuo, con la finalidad de buscar su beneficio personal y el de los demás (trascendencia), y se relaciona directamente con la perspectiva de desarrollo a lo largo de la vida.

La autorrealización es la respuesta a la necesidad de una persona para ser y realizar lo que vino hacer a este mundo, refiriéndose al desarrollo de todo su potencial personal a través de la ejecución de una actividad específica. La autorrealización es una dimensión inherente a la persona, está íntimamente relacionada con su autoconcepto o identidad, es decir, forma parte de su manera de ser y de la idea que tiene sobre las características de sí mismo.

La autorrealización es un rasgo de la autodeterminación, junto con la autonomía, la autorregulación y el desarrollo psicológico. Todos estos rasgos propios de la persona se van construyendo constantemente durante toda su vida y configuran una forma de ser y de actuar en el mundo.

Todas las personas somos en cierto modo un proyecto en constante construcción y evolución, con capacidad de autorrealizarnos y trascender en el mundo. La autorrealización es una construcción personal que cambia constantemente y se puede entender como un elemento o variable íntimamente relacionada con el sentido de la vida, que es más amplio, va más allá de la propia persona, es decir, su posibilidad de trascendencia.

Pero al igual que ocurre con el sentido de la vida y el desarrollo de hábitos para el logro, la autorrealización sólo puede desarrollarse desde la voluntad de la propia persona, utilizando todas sus capacidades y potencialidades para cumplir su propósito personal y social, siempre en busca de su trascendencia. Independientemente del objetivo que se pretenda alcanzar, como crear o cambiar un hábito, debe ser definido con un alto nivel de significado para la persona, para hacerlo voluntariamente y con toda la intención de lograrlo para seguir abonado a su realización personal.

Autodeterminación

La autodeterminación es la capacidad humana de decidir qué hacer y cómo hacerlo de manera voluntaria. Permite explicar los mecanismos que emplea la persona para orientar su conducta hacia el logro de un objetivo o meta que la motiva. El término *autodeterminación* se entiende como la energía, la dirección, la persistencia y la finalidad de la conducta, incluyendo intenciones y acciones.

Cuando hablamos del logro en el desarrollo o cambio de hábitos, la autodeterminación es vital para encontrar las causas o razones que hay detrás de los comportamientos que hacen que las personas autosaboteen su camino hacia el logro de ciertas metas. Al analizar las distintas causas, el individuo podrá realizar los ajustes necesarios para redirigir las acciones o esfuerzos hacia el logro, incluso podrá plantear una estrategia empleando todas las fortalezas con las que cuenta la persona para enfrentar la dificultad, el cansancio, la frustración o los fracasos anteriores.

Creencias

Las creencias son principios que nos conducen a actuar de cierta forma, influyen en nuestras experiencias de vida y fundamentan nuestras decisiones. Se generan a través de lo que pensamos y decidimos formando un sentimiento respecto a algún objeto o persona.

Estas creencias se forman a través de aprendizajes que obtenemos desde la infancia y se construyen a partir de lo que asimilamos consciente e inconscientemente en nuestra relación con el entorno y con aquellas personas que nos rodean, y luego se van complementando y fortaleciendo en el entorno social y cultural donde vivimos y convivimos.

Las distintas dimensiones que se han abordado del autoconocimiento conforman el conjunto de creencias que operan internamente en el individuo, que se manifiestan en conductas o comportamientos en el mundo. Es la configuración psicológica que hace que la persona actúe de una u otra manera y que cumpla sus metas y objetivos o que fracase. La creencia impulsa el poder de hacer.

Es importante entender que el sistema de creencias con el que contamos, que hemos construido a lo largo de nuestra vida y que nos lleva a funcionar de cierta forma específica, no es bueno o malo intrínsecamente, sino que más bien puede ser limitante o potenciador. Cuando identificamos que tenemos creencias que obstaculizan el camino para llegar a nuestros objetivos, decimos entonces que estamos frente a una creencia limitante: es una idea, casi siempre inconsciente, que nos bloquea, nos disminuye o imposibilita que actuemos o nos desarrollamos en ciertas áreas. Las creencias limitantes cierran nuestra mente y nos alejan de poder cambiar nuestra realidad, como ejemplos tenemos los siguientes: «Nunca me puedo levantar temprano», «No sé para qué quiero aprender a pintar si soy muy malo con las artes», son frases que indican que una creencia limitante está instalada en nuestro cerebro que impide que veamos las cosas de forma objetiva. Muchas veces las creencias limitantes provienen directamente de experiencias negativas del pasado que creemos que definirán todas nuestras experiencias presentes y futuras. Las creencias limitantes funcionan también como pretextos para no hacer las cosas, para no afrontar un cambio, nos detienen a la hora de avanzar y nos refugiamos en ellas para no arriesgarnos a salir de nuestra zona de confort y alcanzar el éxito en nuestros objetivos.

Por otro lado, las creencias potenciadoras son aquellas ideas que favorecen nuestro desempeño y nos llevan a dar el máximo de nuestras capacidades para desarrollar una acción. Las creencias potenciadoras son ideas reales, no están distorsionadas ni son irracionales, se trata más bien de poder afrontar la realidad tal y como es, conscientes de las capacidades que tenemos y buscando la mejor manera de lograr una acción.

Las creencias potenciadoras están siempre formuladas en positivo, es decir, se orientan hacia el logro de algún objetivo, producen emociones activadoras y agradables que nos permiten sentirnos capaces de afrontar la situación que queremos. Estas creencias se basan en la idea de que podemos hacer lo que nos proponemos y que nos esforzaremos al máximo para lograrlo aceptando que las circunstancias pueden ser favorables o no serlo.

Además de conocer y reconocer nuestro sistema de creencias y saber cómo funciona, será importante habilitar las potenciadoras y comenzar a cambiar las limitantes, aprender a buscar nuevas posibilidades. Para comenzar este cambio es importante desarrollar la habilidad de elegir lo que pensamos y cómo lo pensamos, exige confiar en nosotros mismos y generar hábitos que nos permitan transformar las creencias limitantes en potenciadoras.

Esfuerzo

El esfuerzo implica necesariamente el empleo enérgico de la fuerza, el vigor y el brío para impulsar o ejecutar una acción. El esfuerzo también puede verse como la actividad del ánimo para conseguir algo superando dificultades. Todo esfuerzo implica el uso de la energía, la virtud para obrar, la capacidad para realizar acciones, actividades, tareas o trabajos que sean de interés para la persona. Por lo tanto, querer algo es hacer algo para conseguir lo que se quiere. Cuando hablamos de logro, entendemos que el esfuerzo es un factor importante, que nos permite reducir la distancia que existe entre el potencial que tenemos y la capacidad que demostramos, porque lo que mostramos es poco comparado con lo que podemos lograr si nos esforzamos. El esfuerzo nos lleva a utilizar nuestra energía al máximo, a dar todo lo que somos capaces de dar y a ser conscientes de las capacidades y herramientas que poseemos y podemos usar.

Llevar nuestra energía y esfuerzo al siguiente nivel hasta alcanzar nuestros propios límites nos permitirá lograr los objetivos que nos planteamos, mientras reducimos la brecha que nos separa del gran potencial que todo individuo lleva dentro. El esfuerzo y la perseverancia en su realización (*grit*) nos llevarán a trabajar por nuestros objetivos incluso en situaciones críticas, a pesar de las dificultades y de los obstáculos, de forma continuada hasta alcanzar una meta. Además, nos permiten mantenernos focalizados en el objetivo, sin descuidarlo por nuevas metas o nuevos proyectos que puedan desviar nuestro interés y nuestra energía. El esfuerzo, sumado a la permanencia y el desempeño del individuo, está asociado a personas con tendencia a tener éxito en cualquier contexto de logro y se relaciona positivamente con la satisfacción respecto a la vida.

El esfuerzo y la voluntad

Para ejecutar una acción se necesita obligadamente tener voluntad. Un acto de voluntad humana es una acción realizada con un propósito determinado, de ahí la importancia de tener un propósito, meta u objetivo previamente definido y un interés genuino para dirigir el esfuerzo y las capacidades personales hacia el logro de lo que se ha propuesto.

La voluntad es un concepto intuitivo de esfuerzo y de ella depende la posibilidad de tener éxito o de fallar. Generalmente las personas abandonan sus proyectos y sueños por falta de voluntad, que consiste principalmente en falta de responsabilidad y compromiso con los objetivos que se han trazado, debilidad de carácter, carencia de disciplina, pereza y ociosidad, en pocas palabras, la voluntad falla por falta de involucramiento y acción.

Si una persona no tiene fuerza de voluntad para llevar a cabo sus proyectos o no se esfuerza, significa que su nivel de eficacia o capacidad para lograr el resultado que desea es bajo y, por lo tanto, se espera que fracase. No obstante, si la persona se esfuerza y no obtiene los resultados deseados, tiene mayor mérito que aquella que no se esfuerza para lograr sus metas u objetivos. Está claro que nadie escapa a la falta de fuerza de voluntad. Todos, en algún momento de la vida, hemos caído presos de la desidia, de la dejadez, de la procrastinación, del abandono de nuestros planes, intenciones, propósitos, ideas, pensamientos, deseos o aspiraciones.

La ciencia de la fuerza de voluntad ha revelado que las debilidades personales forman parte de la condición humana, y ha puesto de manifiesto que el ser humano lucha de una u otra manera con tentaciones, adicciones, distracciones y dilaciones que sabotean el cambio de hábitos o el logro de sus metas y propósitos.

La fuerza de voluntad permite al individuo tomar el control de su vida, de sus pensamientos, sentimientos, emociones y deseos, evitando dejarlos a la deriva. Al controlarlos, toma decisiones cuidadosa y responsablemente, se puede anticipar a las adversidades y ponerse en funcionamiento para prevenir efectos negativos en sí mismo o en sus propósitos personales, así como en sus proyectos.

Con mayor fuerza de voluntad, todas las personas pueden lograr cualquier meta o cambiar el hábito que se propongan, por ejemplo, comer de manera adecuada y hacer ejercicio con regularidad para gozar de una excelente salud física, ahorrar e invertir para tener mayor estabilidad económica y llegar a la edad de la jubilación con ingresos suficientes para vivir dignamente, dejar las adicciones como el tabaco, el alcohol y las drogas para gozar de mayor salud, felicidad y bienestar, y en general, desarrollar hábitos positivos y saludables para cumplir metas y objetivos.

Al encontrar las cosas que nos motivan y contar con un contexto adecuado para desenvolverse, se posibilita el entrenamiento de la voluntad. Cuando una persona conoce y entiende la naturaleza de su fuerza de voluntad, la utiliza sabiamente y dirige sus esfuerzos a conseguir sus metas y objetivos, sin necesidad de esperar a cambio un premio o recompensa material por haberlo logrado, porque sus esfuerzos están movidos por sus necesidades particulares de crecimiento interno o desarrollo personal.

La capacidad de logro de una persona depende mucho de los actos de voluntad que ponga en marcha para conseguir lo que se propone. Hacerlo con intención permitirá pensar más allá de sólo obtener un resultado, sino de obtener el resultado deseado lo mejor posible, porque hacerlo con intención posibilita la creación anticipada de una imagen mental detallada del producto final que el individuo quiere lograr. El éxito personal se construye empleando las características internas del individuo, haciendo esfuerzos voluntarios orientados a la meta u objetivos establecidos mediante el uso de todas sus capacidades físicas e intelectuales.

Querer algo implica hacer varias cosas para conseguirlo: además de ponerse en acción orientando los esfuerzos hacia el logro de la meta, se requiere voluntad y determinación de querer hacerlo, tener un objetivo claro, factible y alcanzable para no abandonarlo, y que éste no genere frustraciones que saboteen la capacidad de logro de la persona en sus primeros intentos. Tener la intención y el deseo de terminarlo es vital, tanto como tener la ambición de ganar o de lograrlo, ser disciplinados y constantes. Conviene recordar que la ambición está estrechamente relacionada con la voluntad, la determinación, la intención, el esfuerzo, la disciplina, la fortaleza, la perseverancia y la paciencia, porque se nutre de todas ellas.

Resiliencia

La resiliencia es un concepto que se refiere de forma general a la habilidad de los seres humanos para recomponerse y reconstruirse después de un evento o períodos de dolor emocional que son resultado, en muchas ocasiones, de sucesos hostiles o adversos en la vida de los individuos. Es la capacidad de desarrollar una competencia social a pesar de estar expuesto a acontecimientos adversos de la vida y del contexto, y de ser transformado positivamente por ellos.

La resiliencia puede entenderse también como un proceso de gestión y negociación emocional, a través del cual los individuos adaptan fuentes significativas de estrés o de dolor. La resiliencia es, entonces, el conjunto de fenómenos armonizados que permiten al ser humano mantenerse en un contexto afectivo, social y cultural pese a ambientes hostiles, y resulta un factor vital en la formación de hábitos para el logro, ya que para ello se requiere de la resiliencia suficiente para que, a pesar de las adversidades, se puedan alcanzar los objetivos deseados.

En el contexto de la formación de hábitos y de los factores del logro, la resiliencia desempeña un papel de suma importancia, ya que a partir de ésta, el individuo podrá medir su potencial frente a diferentes retos y exigencias. Ante situaciones que presenten un dilema en su proceso de formación, la persona deberá confrontarse a sí misma para poder comprender mejor sus virtudes, entender su potencialidad y sus capacidades para aprender, responder a dichas circunstancias eficientemente y salir fortalecido del proceso, sin poner en duda su autoconfianza y su autoconcepto.

La resiliencia es una capacidad humana que implica la combinación y la interacción de las virtudes internas del individuo y de los ambientes familiares, sociales y culturales en los que se desarrolla, de forma que lo fortalezcan para superar la adversidad de forma constructiva. Por lo que respecta a la formación de hábitos, la resiliencia le será útil para superar el riesgo y reconstruir su plan de acción para conseguir los objetivos planteados.

A mediados de la década de 1970 se consideraba que la resiliencia era una habilidad que dependía de ciertas características genéticas. Se propuso que era una cualidad innata y que algunas personas nacían con ella: eran los llamados niños invulnerables. Sin embargo, a medida que aumentó el número de estudios e investigaciones sobre la resiliencia, se determinó que se trata de una cualidad que todos los seres humanos pueden desarrollar, que se puede enseñar a un individuo a ser resiliente. Se demostró también que el hecho de que un sujeto consiga ser resiliente depende de la interacción de cada persona y de su entorno humano. En la actualidad, la mayoría de los investigadores coinciden en el carácter interaccional y constructivista de la resiliencia y consideran que se trata de un rasgo humano, es decir, que se constituye mediante la interacción social.

En los últimos años, la noción de resiliencia se ha relacionado de forma significativa con la psicología positiva, una corriente teórica que comparte elementos fundamentales de la construcción de la resiliencia, al aplicar una visión de la experiencia humana que requiere del reconocimiento de las fortalezas y virtudes que permiten a los individuos crecer y sobrevivir ante contextos adversos.

Personas resilientes

Una persona es considerada como un individuo resiliente cuando, tras haber vivido un contexto que no sólo es hostil, sino que representa también una situación de riesgo, es capaz de recomponerse y normalizar su estilo de vida a través de la interacción de las características del contexto y de las personales, y además de conservar su integridad, ha podido reforzarla, se ha desarrollado de mejor manera y ha enriquecido su personalidad.

Los sujetos resilientes presentan características clave que se vinculan con una autoestima y un autoconcepto sanos y positivos, que permiten al individuo tener una mejor actitud de acercamiento a situaciones y a personas nuevas, una actitud dirigida a la solución óptima de los problemas, evitando situaciones adversas, pero que se adaptan a ellas si no pueden evitarlas, sin fatalismos.

Las personas resilientes también tienen un mayor sentimiento de autosuficiencia que les brinda autonomía, sienten empatía y afecto de manera constante, además de que tienen un mejor manejo y control de los impulsos. Asimismo, los sujetos resilientes son individuos que han desarrollado múltiples factores para el logro, como la autorregulación, una alta motivación de logro, persistencia y esfuerzo, además de elaborar un plan de vida con objetivos claros.

La tolerancia a la frustración es también una de las principales características que un individuo debe desarrollar para fortalecer la resiliencia, para que se sienta en condiciones de superar un evento adverso, reconfigurando el relato en su memoria y así lograr superarlo; ése es precisamente un buen indicador de tener resiliencia. En la formación de hábitos para el logro, es fundamental haber adquirido competencias emocionales que permitan reconducir la adversidad en una perspectiva de futuro que el individuo pueda seguir.

Se entiende que en el proceso de formación de hábitos, la resiliencia funciona como un factor esencial para el logro. Gracias a la resiliencia, el individuo desarrollará características que le permitirán, junto con otros factores, sentirse y saberse preparado para formar hábitos buenos que le sean útiles para alcanzar sus objetivos, y entender que es capaz de transformar la adversidad y aprender de ella para construir un nuevo relato sobre sus errores y sobre sí mismo.

Factores y dimensiones de la resiliencia

A partir de la conceptualización de la resiliencia como una capacidad que puede construirse y desarrollarse, se han buscado factores que resulten protectores para los individuos, que les estimulen para superar la adversidad. De ahí han surgido los pilares de la resiliencia, que tienen como base la autoestima consistente, resultado de un cuidado afectivo congruente desde la niñez y durante el desarrollo de cada persona. A partir de ahí adquieren consistencia el resto de los pilares, que incluyen procesos de introspección e independencia, la habilidad para establecer lazos con otras personas a partir de una interacción sana y recíproca, y muchas otras características, como iniciativa, creatividad, capacidad de pensamiento crítico, etcétera.

Los pilares de la resiliencia se deben construir combinando unos con otros para formar un espacio donde el individuo crece y se desarrolla, que permite que la resiliencia se vaya tejiendo, que vaya creciendo. Los pilares de la resiliencia se organizan en torno a cuatro componentes clave, que permiten diseñar perfiles en los sujetos en cuanto a su nivel de desarrollo de la resiliencia. Estos cuatro componentes engloban los atributos que con mayor frecuencia se presentan en las experiencias de logro.

1. Competencia social: los individuos resilientes responden de mejor manera y con más eficiencia a la interacción con otras personas, generando vínculos positivos y valiosos con los demás; logran comunicarse y adaptarse en cualquier tipo de ambiente social, demostrando empatía y flexibilidad.
2. Resolución de problemas: las habilidades de negociación en un contexto adverso son fundamentales en el desarrollo de la resiliencia. A partir de habilidades de pensamiento crítico, reflexivo y flexible, el sujeto puede hallar soluciones alternativas para los retos que le plantea su contexto.
3. Autonomía: aunque hablar de autonomía implica un sentido de independencia, por lo que respecta al desarrollo de individuos resilientes es importante que se refiera sobre todo a la propia identidad, es decir, que sean capaces de actuar de forma independiente y puedan mantener el control a pesar de los elementos negativos del ambiente.
4. Sentido de propósito y futuro: relacionado con el

sentido de autonomía, en este componente entran varios elementos que se consideran como factores de protección o factores resilientes. Se trata de uno de los componentes más poderosos para evaluar los resultados positivos de la resiliencia. Es un componente fundamental para la formación de hábitos, ya que preparará al individuo y lo enfocará en tener una visión de futuro que le permita recomponerse cuando se presenten los desafíos, y como factor de protección, le permitirá tener un enfoque claro de sus metas en el desarrollo de hábitos que le acerquen a éstas.

Este enfoque de la resiliencia describe la presencia de factores de resiliencia o factores protectores que disminuyen los efectos y el impacto de los riesgos y eventos negativos hasta convertirlos en factores de transformación y superación de la adversidad. La resiliencia es una herramienta necesaria para examinar el logro en los individuos, ya que los lleva a recrearse y salir satisfechos en los retos que se propongan a pesar de las dificultades eventuales e inevitables. Vista como un factor de logro, es un elemento necesario, ya que en la mayoría de las ocasiones, cuando las personas intentan alcanzar una meta o se plantean lograr ciertas cosas en su vida, se enfrentarán con total seguridad con una cantidad elevada de obstáculos y situaciones complejas difíciles de remontar, resolver o llevar a cabo, que si no saben cómo afrontar, irremediablemente harán que dejen de lado sus sueños y dejen de intentar alcanzar las metas que se habían propuesto.

La resiliencia, entendida como una acción orientada hacia el logro de metas, se sustenta en una visión abordable del problema que se debe resolver, en una visión de uno mismo que se caracteriza por elementos positivos y afectivos ante la adversidad. Estos elementos tienen como base un sistema de creencias y vínculos socioafectivos que brindan seguridad al individuo.

Así pues, la realidad del sujeto es una dimensión de suma importancia para la construcción de la resiliencia, entendida como una forma de interpretar y actuar ante situaciones recurrentes en la historia de cada persona. Dicha historia constituye al sujeto en el presente y toma forma semántica a través de la palabra, de modo que cuando éste habla de él como individuo, manifiesta interpretaciones de sí mismo, del contexto y de los otros, verbalizando las dimensiones que constituyen la resiliencia como modalidades de interacción con el contexto.

Adversidad y adaptación positiva

Resulta importante resaltar que aunque la conceptualización teórica de la noción de resiliencia ha sido abordada desde diversas perspectivas, éstas siempre han girado en torno a dos nociones centrales: la adaptación positiva y la adversidad.

Cuando se habla de adversidad, habitualmente se trata de circunstancias que, si bien no constituyen grandes desastres en la vida del individuo, implican pequeñas rupturas que atraviesan su vida cotidiana. Se trata de eventos negativos que se asocian con dificultades de adaptación emocional, en los que los mecanismos de resiliencia entran en acción de formas diversas según la severidad del contexto y el nivel de adversidad que el sujeto está experimentando, que pueden conllevar desde dificultades habituales del día a día, como el estrés laboral y académico, hasta niveles severos que, pese a suceder de forma ocasional, implican grandes adversidades, como procesos de duelo tras la pérdida de algún ser querido.

La adversidad tiene diversas connotaciones y características que deben establecerse al comenzar un proceso de formación. La primera es que la adversidad es percibida subjetivamente por el individuo, de manera que una situación de quiebre durante el proceso de formación de hábitos puede construirse como un gran reto en la formación de un individuo y no significar nada para otro, por lo que es primordial definir objetivamente las adversidades o los retos que los individuos atraviesan a partir de una relación entre factores de riesgo y adaptación negativa.

Por otra parte, la adaptación positiva trabaja en la resiliencia como una competencia social y conductual que se encarga del logro en las tareas del desarrollo dentro de un contexto de adversidad significativa. Tiene una importante carga ideológica y teórica que se relaciona con cumplir ciertas expectativas sociales, propias del contexto y que serán diferentes y cambiantes según el entorno del individuo. La idea de un desarrollo normal y positivo varía en cada cultura y en cada comunidad, y el concepto de adaptación positiva se interpreta en función de dicho contexto.

Factores emocionales

Emociones

Las emociones son la esencia de la vida, por ello el ser humano vive en constante búsqueda de experiencias que activen emociones que nos generen satisfacción. Sin ellas seríamos máquinas. Las emociones funcionan como una respuesta afectiva del ser humano ante las diversas circunstancias que nos ocurren y que nos hacen evitar una situación o buscarla.

Las emociones pueden ser tan fuertes que en ocasiones afectan a nuestro comportamiento. Así pues, desde el punto de vista del desarrollo y el cambio de hábitos, las emociones pueden ser el impulso que nos permita lograr ese cambio con éxito, pero también pueden limitar ese logro, de ahí la importancia de enfocar nuestros esfuerzos en el desarrollo de estos factores de logro.

Las emociones pueden ser generadas por situaciones internas o externas, y su respuesta puede ser muy distinta dependiendo de cada individuo. Se dice que definir las emociones es un proceso complejo y multifactorial, pero podemos aventurarnos a realizar una definición que nos permita desarrollar las ideas planteadas en este capítulo: las emociones son un fenómeno humano con componentes fisiológicos, psicológicos y conductuales, que tiene bases evolutivas, adaptativas y funcionales, que requieren de una interpretación de objetos, personas o situaciones, y que preparan al individuo para realizar determinadas acciones y comunicar su estado a quienes lo rodean. Estudiar cómo se experimentan las emociones y cómo pueden ser modificadas es crucial en nuestra propuesta porque la regulación emocional desempeña un papel muy importante.

De manera general, las emociones se clasifican en dos categorías: positivas y negativas. Es fácil distinguirlas entre sí; por ejemplo, la tristeza es negativa y la alegría es positiva. Es importante aclarar que porque una emoción sea negativa no significa que sea mala; de hecho, todas las emociones son «buenas» porque son necesarias.

El problema es lo que se hace con la emoción, es decir, cómo se gestiona. Las emociones se denominan positivas o negativas en virtud de si aportan o no bienestar, es decir, si nos hacen sentir bien o nos hacen sentir mal. Las emociones negativas surgen ante eventos o acontecimientos que son considerados como una amenaza, una pérdida, una dificultad, etcétera. Son situaciones que requieren resolverse de manera más o menos urgente, lo cual demanda energía y acción. En cambio, las emociones positivas se experimentan ante sucesos que conducen al progreso en el logro de objetivos.

Estas emociones buscan asegurar la supervivencia y el bienestar no sólo personal, sino también colectivo, por lo que se pueden extender a toda la humanidad. Las emociones positivas, por tanto, proporcionan sensaciones de disfrute y bienestar.

Clasificación psicopedagógica de las emociones

Existen tres emociones negativas básicas: miedo, ira y tristeza. No obstante, en ese mismo grupo se puede incluir el asco, dada su función de supervivencia y también, en un sentido más social, como respuesta a conductas inadecuadas o inmorales. También se puede incluir la ansiedad, que se distingue del miedo debido a su carácter hipotético de peligro, pero poco real. Dentro de las emociones positivas, además de la alegría, podemos mencionar el amor y la felicidad por su importancia para la educación emocional.

La sorpresa se considera una emoción ambigua porque puede ser considerada positiva o negativa en función de las circunstancias.

Las emociones tienen muchas funciones; por ejemplo, pueden ser motivadoras, adaptativas o sociales en la toma de decisiones y en lo referente al bienestar de la persona. Por ello, los factores emocionales son fundamentales para la formación y el mantenimiento de hábitos, ya que su regulación representa un factor importante para el logro de las metas, de manera que pueden ayudar o impedir la formación de hábitos.

La clasificación psicopedagógica de las emociones se presenta en la siguiente tabla:

Tabla 8.1. Clasificación psicopedagógica de las emociones

Emociones negativas	
Primarias	
Miedo	Temor, horror, pánico, terror, pavor, desasosiego, susto, fobia.

Ira	Rabia, cólera, rencor, odio, furia, indignación, resentimiento, aversión, exasperación, tensión, excitación, agitación, acritud, animadversión, animosidad, irritabilidad, hostilidad, violencia, enojo, celos, envidia, impotencia, desprecio, antipatía, resentimiento, rechazo, recelo.
Tristeza	Depresión, frustración, decepción, aflicción, pena, dolor, pesar, desconsuelo, pesimismo, melancolía, autocompasión, soledad, desaliento, desgana, morriña, abatimiento, disgusto, preocupación.
Asco	Aversión, repugnancia, rechazo, desprecio.
Ansiedad	Angustia, desesperación, inquietud, inseguridad, estrés, preocupación, anhelo, desazón, consternación, nerviosismo.
Sociales	
Vergüenza	Culpabilidad, timidez, vergüenza ajena, bochorno, pudor, recato, rubor, sonrojo.
Emociones positivas	
Alegría	Entusiasmo, euforia, excitación, contento, deleite, diversión, placer, estremecimiento, gratificación, satisfacción, capricho, éxtasis, alivio, regocijo, humor.
Amor	Aceptación, afecto, cariño, ternura, simpatía, empatía, interés, cordialidad, confianza, amabilidad, afinidad, respeto, devoción, adoración, veneración, enamoramiento, gratitud, interés, compasión.

Felicidad	Bienestar, gozo, tranquilidad, paz interior, dicha, placidez, satisfacción, serenidad.
EMOCIÓN NEUTRA	
Sorpresa	Es neutra porque puede ser positiva o negativa. En esta familia se puede incluir: sobresalto, asombro, desconcierto, confusión, perplejidad, admiración, inquietud, impaciencia. Relacionadas con la sorpresa, pero en el otro extremo de la polaridad, pueden estar: anticipación y expectativa, que pretenden prevenir.

Fuente: R. Bisquerra, *Psicopedagogía de las emociones*, Editorial Síntesis, Madrid, 2009, p. 92.

Inteligencia emocional

La inteligencia emocional es considerada una herramienta clave para el éxito personal y profesional, ya que ayuda a las personas a interactuar con el mundo, a ser capaces de reconocer las emociones y su impacto a nuestro alrededor, un proceso que empieza con la toma de conciencia de uno mismo y con la conciencia social.

La inteligencia emocional es la capacidad que posee o desarrolla un individuo para tener resultados positivos en su relación consigo mismo y con los demás. Es un concepto que tiene que ver con la forma en que se identifican, utilizan, entienden y administran las emociones y su respuesta ante diferentes situaciones.

La inteligencia emocional se agrupa en dos áreas:

- La inteligencia intrapersonal: es la capacidad del individuo para entender e identificar sus emociones.
- La inteligencia interpersonal: es la capacidad del individuo para entender las emociones de los demás y actuar conforme a ellas.

Desarrollar estas dos áreas en los ciudadanos debería ser un objetivo prioritario, con la finalidad de formar individuos que no sólo sean capaces de vivir y compartir sus emociones, sino que también desarrollen competencias al servicio de la sociedad.

Modelo de Goleman

Para Goleman, la inteligencia emocional involucra aprender a dominar algunas habilidades para poder desarrollar la competencia emocional:

- Autoconciencia: es la capacidad de ser consciente de uno mismo, conocerse a sí mismo, conocer el propio sentimiento de la vida y la propia existencia.
- Autorregulación o autocontrol: es la capacidad para controlar las emociones, esto es, controlar nuestros recursos internos, estados e impulsos.
- Automotivación: es la habilidad para orientarse hacia el logro de las metas, vencer adversidades, enfocar nues-

tros recursos en un objetivo, es la tendencia que guía y facilita el logro.

- Empatía: es la habilidad de concebir las emociones de otros. Consiste en saber ponerse en el lugar del otro e intentar conocer y entender lo que siente.
- Habilidades sociales: son la capacidad de inducir respuestas deseables en los demás y de poder controlar las relaciones.

Figura 8.1. Modelo de Goleman

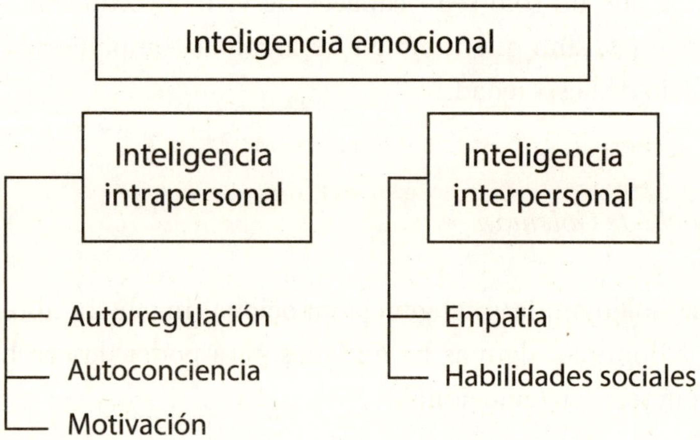

Fuente: <conversacionesdelcoach.wordpress.com>.

Según Goleman, enseñar a los niños estas habilidades (entusiasmo, autocontrol, automotivación y perseverancia) les ofrece la posibilidad de obtener un mayor rendimiento del potencial intelectual. Esta etapa, junto con la adolescencia, es una buena oportunidad para el desarrollo de hábitos emocionales para la vida.

Competencia emocional

Una competencia es la capacidad para movilizar conocimientos, habilidades, capacidades y actitudes para poder llevar a cabo alguna actividad de manera eficaz. El concepto de competencia ha trascendido su ámbito habitual, el educativo y el profesional, para ser aplicado a diversos contextos en los que el ser humano se desarrolla, de manera que sepa actuar de forma reflexiva y con sentido.

En general, las competencias se pueden clasificar en dos tipos principales:

1. Competencias de desarrollo técnico-profesional, también llamadas competencias funcionales: son aquellas que se asocian con determinados puestos de trabajo y son esenciales para desarrollar una actividad profesional o laboral específica con éxito.
2. Competencias de desarrollo social-personal: están constituidas por un conjunto de conductas, capacidades y estrategias que permiten al individuo construir su identidad, relacionarse con quienes le rodean y afrontar los obstáculos y dificultades que presenta la vida en sociedad.

Las competencias emocionales, fundamentales para construir el factor emocional desarrollado en la teoría del logro, son parte de un subconjunto de las competencias personales. Y dado que su desarrollo debe ser común al desempeño de cualquier profesión, las competencias emocionales han sido consideradas como transversales, es decir, que pertenecen y son fundamentales en ambos tipos de competencia.

Las competencias emocionales se definen como el conjunto de conocimientos, capacidades, habilidades y actitudes necesarias para tomar conciencia de los fenómenos emocionales y comprenderlos, expresarlos y regularlos de forma apropiada. Estas competencias se basan en la inteligencia emocional, pero también pueden involucrar otros elementos que hacen que el concepto sea más amplio.

Mediante las competencias emocionales se favorecen aspectos de la vida diaria como la solución de problemas, conseguir y mantener un trabajo y mejorar el aprendizaje y las relaciones interpersonales; sin duda alguna, dichas competencias permiten lograr las metas propuestas.

Educación emocional

La educación emocional surge en respuesta a la gran cantidad de necesidades sociales que requieren ser atendidas en la actualidad: depresión, ansiedad, estrés, violencia, conductas de riesgo, etcétera. Estas necesidades son resultado del analfabetismo emocional, es decir, la incapacidad de entender y manejar las propias emociones.

El objetivo de la educación emocional es justamente el desarrollo de competencias emocionales, por lo que tiene un papel fundamental en las relaciones humanas y requiere de una práctica continuada que debe comenzar en la infancia y continuar a lo largo de toda la vida. Por esta razón, cualquier individuo es un aprendiz de educación emocional, ya que ésta es útil no sólo en el ámbito escolar, sino también en los espacios comunitarios, laborales y organizacionales.

La educación emocional impacta directamente en el individuo y su autoconcepto, por lo que puede ser muy útil para el logro de las metas propuestas, donde características como la automotivación, la responsabilidad y la autoeficacia emocional son claves para mantener el enfoque en el objetivo. En lo relativo a las metas del logro, es importante aprender a tener conciencia de las emociones que se experimentan, así como saber autorregularse para alcanzar los objetivos deseados, ya que, en muchas ocasiones, la falta de autoconsciencia emocional y la desregulación emocional se convierten en el principal obstáculo para alcanzar lo que se desea.

Gracias al desarrollo de este eje emocional, nuestro modelo apuntala la construcción de una mejor versión de uno mismo, en la que el individuo pueda evaluar de forma positiva la calidad de su vida y pueda elegir de manera consciente los cambios necesarios para lograr una vida plena y con bienestar emocional, que le permita alcanzar todo lo que se propone.

En la formación de los hábitos, es imprescindible que se desarrollen competencias emocionales que permitan a las personas tener conciencia de sus emociones y poder regularlas, ya que eso capacita al individuo para tomar decisiones, hacer planes y desarrollar una actitud positiva para enfrentar la vida y los nuevos retos que en ella se presentan.

Por esta razón, en las siguientes páginas nos enfocaremos en tres competencias emocionales que consideramos fundamentales para el logro: la conciencia emocional, la autonomía emocional y la regulación emocional.

1. Conciencia emocional: se define como la capacidad para tomar conciencia de las emociones propias y de las de los demás, e incluye la habilidad para captar el clima emocional del entorno.

   Algunos de los aspectos que se consideran en esta competencia, son:

   - Toma de conciencia de las propias emociones: es la capacidad de distinguir, reconocer y nombrar los sentimientos y emociones propias. Aquí se debe considerar la posibilidad de experimentar emociones múltiples, así como darse cuenta de que uno es incapaz de tomar conciencia de los sentimientos propios debido a la falta de atención o inconsciencia.
   - Dar nombre a las emociones: es el empleo adecuado del vocabulario emocional, haciendo uso de expresiones apropiadas para designar las emociones de acuerdo con un contexto cultural determinado.
   - Comprensión de las emociones de los demás: es la capacidad para darse cuenta de las emociones y perspectivas de los demás, e involucrarse de manera empática en sus experiencias emocionales. Comprende también la habilidad para captar situaciones expresadas de forma

verbal y no verbal que tienen significado emocional para el consenso cultural.
- Tomar conciencia de la interacción entre emoción, cognición y comportamiento: los estados emocionales impactan en el comportamiento y éste, en la emoción; ambos pueden ser regulados por la cognición (razonamiento, conciencia).

2. Autonomía emocional. Dentro de la autonomía emocional, se incluyen características relacionadas con la autogestión personal, entre ellas las siguientes: la autoestima, la automotivación, la autoeficacia emocional, la capacidad de pedir ayuda y recursos, así como mantener una actitud positiva ante la vida. Algunos de los aspectos que se consideran en esta competencia son:

    - Autoestima: hace referencia a tener una imagen positiva de sí mismo, sentirse satisfecho y mantener buenas relaciones consigo mismo.
    - Automotivación: es la capacidad de involucrarse emocionalmente y mantenerse motivado en actividades de diversa índole (laboral, recreativas, profesional, personal, etcétera). La motivación y la emoción son importantes para darle sentido a la vida.
    - Actitud positiva: es la capacidad para elegir de manera consciente adoptar una actitud positiva ante la vida, tener claro que, a pesar de la adversidad o de estar ante situaciones complejas, se puede decidir tomar una postura positi-

va ante la vida. Es decir, saber que siempre es posible tratar a los demás con amabilidad y respeto, y que esta actitud es característica de una persona buena y compasiva.

- Responsabilidad: es la decisión de involucrarse en comportamientos seguros, saludables y éticos. Incluye asumir la responsabilidad en la toma de decisiones y actitudes que adoptar ante la vida. Decidir con responsabilidad, ejerciendo la autonomía y la libertad, partiendo de que una actitud positiva es la mejor opción para elegir.
- Autoeficacia emocional: se refiere a la sensación de ser capaz de sentirse como uno desea y de generar las emociones que se necesitan para poder relacionarse personal y socialmente de forma eficaz. El individuo acepta su experiencia emocional, tanto si es única y excéntrica como si es culturalmente convencional, y esta aceptación está de acuerdo con las creencias del individuo sobre lo que constituye un balance emocional deseable. En caso contrario, la persona estará en condiciones de regular y cambiar sus propias emociones para hacerlas más efectivas en un contexto determinado.
- Análisis crítico de las normas sociales: es la capacidad para evaluar de manera crítica la influencia de los medios sociales y culturales en el comportamiento de los individuos con el fin de no caer en comportamientos estereotípicos de la sociedad. A través de la autonomía, se

progresará hacia una sociedad más libre, consciente y responsable.

- Resiliencia: es la capacidad que tiene una persona para afrontar las condiciones adversas que la vida le presenta.

3. Regulación emocional: se define como el proceso mediante el cual el individuo es capaz de modular sus emociones y cambiar su comportamiento con el propósito de alcanzar metas, adaptarse al entorno o fomentar el bienestar individual o social.

   Una de las definiciones más recientes[19] establece que la regulación emocional consiste en los esfuerzos que hace el individuo, de manera consciente o inconsciente, para influir en la intensidad y la duración de sus emociones respecto del momento en que surgen, la experiencia que conllevan y su expresión.

   Los procesos que se llevan a cabo para modificar las emociones pueden suceder de forma automática o de manera propositiva, y se enfocan en cambiar la emoción o la situación según se necesite. Existen tres procesos para la regulación emocional:

   - Autorregulación de la emoción: la emoción tiene por sí misma mecanismos de autorregulación, es decir, que por cuestiones de ahorro

19. Gómez, O., y Calleja, N., «Regulación emocional: definición, red nomológica y medición», *Revista Mexicana de Investigación en Psicología*, 8, 1 (2016), pp. 96-117.

energético y para evitar un desgaste físico y cognitivo, una emoción como el enojo, por ejemplo, es temporal.

- Regulación a través de la emoción: la intensidad de las emociones moviliza o paraliza, o sea que tener una conducta de acercamiento o de evitación ante los suscitadores emocionales hace que la emoción se modifique.
- Regulación de la emoción: las estrategias de regulación emocional modifican la emoción.

Figura 8.2. Mecanismos y procesos de regulación emocional

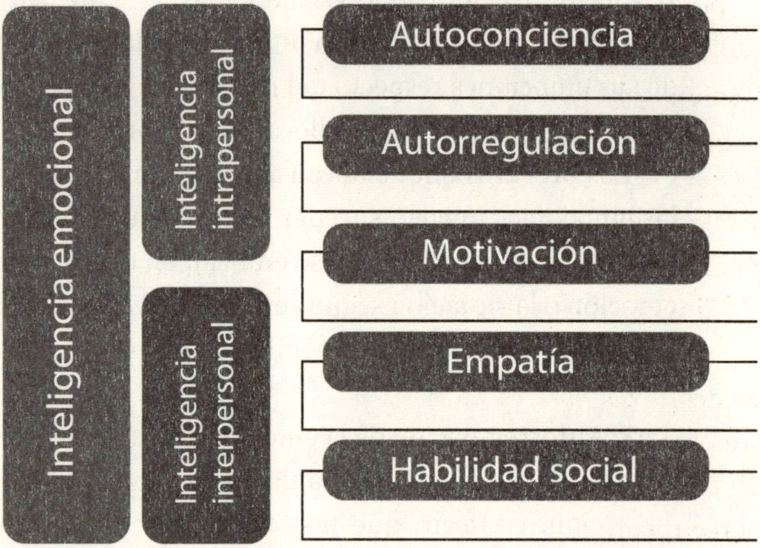

Fuente: O. Gómez y N. Calleja, «Regulación emocional: definición, red nomológica y medición», *Revista Mexicana de Investigación en Psicología*, 8, 1 (2016), p. 100.

Conocimiento y talento

Conceptualización del conocimiento

¿Qué es el conocimiento? Como definición aproximativa, entendemos el conocimiento como un producto del aprendizaje, como aquella información que un individuo posee derivada de su estudio o formación académica en determinada área del saber o que proviene directamente de su propia experiencia o indirectamente de la experiencia de otras personas con las que interactúa.

El conocimiento puede considerarse también como un proceso desarrollado para que el ser humano sepa cómo conocer el mundo que le rodea.

No obstante, el conocimiento es un concepto muy amplio y tiene distintas connotaciones. Como producto del aprendizaje del individuo, el conocimiento se puede ver como la acumulación de saberes teóricos y prácticos acerca de distintas áreas que componen el conocimiento, que tienen la cualidad de manifestarse en una habilidad o competencia en el ser humano al llevarse a la práctica.

El individuo adquiere el conocimiento a través de sus capacidades cognitivas, entendidas como las habilidades, las destrezas, las operaciones y los procesos mentales imprescindibles para ejecutar una tarea. Su función es facilitar el conocimiento: son responsables de su adquisición, su recuperación y su uso posterior.

El conocimiento personal o individual son los datos y la información psicológica y cognitiva propia de un individuo, y es en lo que nos interesa hacer hincapié en este estudio. Los conocimientos, los dones, las habilidades y demás aptitudes que posee una persona son la caja de herramientas que necesita para responder activamente a las necesidades de su entorno, pero también para tener la posibilidad de trascender en el mundo, desarrollándolos y aplicándolos de forma deliberada a su vida cotidiana. Por esta razón, se consideran como el tesoro más valioso de las personas, porque impactan en las organizaciones y en la sociedad en general, y porque funcionan como verdaderas palancas de desarrollo. Son claves para el logro de metas y objetivos, ya sean personales, profesionales, organizacionales o sociales, para generar bienestar y prosperidad.

Dentro de la formación de hábitos para el logro, tener y adquirir nuevos conocimientos y desarrollar los talentos natos y nuevas habilidades sin duda contribuye de forma directa a que todo individuo pueda alcanzar el éxito en cualquier ámbito de la vida, al poner en práctica estas cualidades humanas en consonancia con los otros hábitos que promueven y estimulan el desarrollo del logro.

Tener el hábito de adquirir nuevos conocimientos implica necesariamente contar con otros hábitos relacionados, ya que hay algunos que son dependientes de otros; por ejemplo, el hábito de estudio y la motivación son imprescindibles para desarrollar el hábito del aprendizaje, y este último es necesario para adquirir nuevos conocimientos. Su aplicación a la vida cotidiana o al ámbito profesional servirá para ganar experiencia mediante la evaluación de los resultados obtenidos para mejorarlos.

Desarrollar el ciclo virtuoso del conocimiento implica tener como fortaleza el deseo de aprender, amor y sed de conocimiento. El ser humano tiene la capacidad de aprender durante toda la vida, independientemente de la edad, el sexo, la raza, la cultura o su estatus social, empleando las teorías pedagógicas, las estrategias didácticas y los métodos apropiados. En dicho proceso, deberá tener en cuenta variables como el contexto, la determinación del ambiente, los estilos de aprendizaje, las características de los individuos, los intereses, las necesidades y la tarea en relación con la estrategia, además de los recursos cognitivos y los materiales necesarios para ejecutar la actividad de forma exitosa. De esta manera podrá introducir ideas nuevas para modificar su forma de pensar, su comportamiento, su conducta, su actitud, etcétera.

El conocimiento que adquiere el individuo desarrolla su inteligencia, su capacidad de razonamiento y su entendimiento, elementos que lo habilitarán para actuar en su mundo y seguir aprendiendo. Todo ello posibilitará la ejecución de tareas o actividades relacionadas con los conocimientos adquiridos, las habilidades y los hábitos desarrollados, que le permitirán al individuo conseguir el éxito en sus metas y objetivos personales y profesionales, construir una mejor versión de sí mismo y vivir una vida digna, más próspera y feliz; en suma, aumentan su capacidad de logro.

El conocimiento libera el potencial del ser humano, mejora, enriquece, enaltece el valor y la dignidad de las personas, les brinda mayor confianza y esperanza de poder lograr lo que se proponen y de esta manera construir un futuro más promisorio a partir de la explotación de su conocimiento, de lo que saben hacer con esmero, de las virtudes y capacidades que poseen. Por otro lado, permite al individuo renovarse, cambiar su forma de pensar y de actuar, innovar su pensamiento para crear una nueva versión de sí mismo.

Con un mayor conocimiento se pueden tomar mejores decisiones, y al estar mejor informados, disminuye la tasa de fracaso. El conocimiento es el activo intangible y el medio por el cual las personas y las empresas buscan sobresalir, ser más inteligentes, más competitivas y más prósperas, y además consolidar el crecimiento de forma sostenible en el tiempo. Ésta es la gran importancia que tiene saber cuáles son los conocimientos, las fortalezas de carácter, las habilidades y las aptitudes personales.

Conceptualización del talento

En la literatura especializada existe una amplia variedad de concepciones sobre el talento, que van desde considerarlo como un conjunto de dones naturales o sobrenaturales que Dios ha dado a algunos hombres, pasando por la equivalencia de talento e inteligencia, hasta el conjunto de habilidades o capacidades desarrolladas con el estudio y la práctica que con el paso del tiempo se van perfeccionando con disciplina, compromiso, dedicación y esmero, en pocas palabras, con pasión y perseverancia.

El talento ocupa una posición relevante dentro del estudio del potencial humano y su impacto en el logro de las personas y organizaciones, así como en el progreso como sociedad. Es claro que no existe un concepto único ni acabado del término. Este concepto se ha venido estudiando desde hace tiempo desde la perspectiva de distintas disciplinas, como la biología, la psicología, la sociología, la pedagogía, la filosofía y las neurociencias, por citar sólo algunas. Por lo tanto, su conceptualización implica una visión holística.

El talento se identifica por la expresión de las capacidades, las habilidades y las destrezas sobresalientes que tiene el individuo a la hora de ejecutar una disciplina, pero hay que tener claro que, al mismo tiempo, en dicho proceso se requieren también aspectos psicológicos, morales, de relación con otras personas, así como la incidencia del contexto de desarrollo en sus resultados.

El talento es el dominio extraordinario de competencias desarrolladas sistemáticamente. Implica tener amplios conocimientos y capacidades por lo menos en un ámbito de las actividades humanas, que coloca a la persona en un nivel un 10 por ciento superior al del resto de sus compañeros de su misma edad, que han tenido un desarrollo similar y un aprendizaje del mismo tiempo de duración. Aunque el término *talento* se emplea con mayor frecuencia en el ámbito artístico y en el deportivo, lo cierto es que está involucrado en cualquier ámbito de la vida.

Cada talento está compuesto por un conjunto de habilidades, que deben ser identificadas en nuestra persona y enfocarlas hacia logros más pequeños, como cambiar un mal comportamiento, costumbre o hábito por buenos comportamientos, hábitos o costumbres.

Cambiar un mal hábito implica emplear talentos como la creatividad para pensar en una nueva rutina que nos conduzca a modificar la actitud que ya no se desea tener, pero conservando la misma recompensa, y también usar y desarrollar la fuerza de voluntad, la perseverancia, el esfuerzo, el autocontrol, el involucramiento, e incorporar valores como la responsabilidad y el compromiso: con dichas cualidades el individuo podrá alcanzar el éxito en todo lo que se proponga y gozar de una mejor calidad de vida, sacando el máximo provecho a todas sus capacidades.

Factor contexto

Para desarrollar una teoría integral que nos permita entender cómo se desarrollan los hábitos para el logro, es necesario tener una visión completa del contexto que rodea al individuo y su desarrollo, así como su influencia e importancia en el logro de metas y objetivos personales. La evaluación de las variables que integran el contexto permite identificar e intervenir en aquellos elementos que inciden favorablemente o que sabotean el logro, conocer las relaciones que hay entre dichos elementos y preparar el ambiente de desarrollo de la persona para que logre sus metas.

Para entender el fenómeno psicológico del desarrollo humano en su totalidad, Bronfenbrenner[20] propone un modelo de cuatro aspectos o factores íntimamente relacionados: proceso-persona-contexto-tiempo.

Este modelo se puede emplear para entender de manera integral todos los factores que intervienen en el logro o el éxito de una persona. Bronfenbrenner considera que toda persona tiene una relación directa con el contexto en el

20. Bronfenbrenner, 1976.

que vive, que el autor denomina *ambiente ecológico*, un conjunto de estructuras superpuestas en forma de capas que envuelven el desarrollo de una persona. Cada capa es un nivel del contexto, cada una de ellas está envuelta por otra de mayor nivel o jerarquía, una estructura semejante a una cebolla.

En el centro de esas capas o estructuras se encuentra la persona. La primera capa, la más profunda, rodea, cubre o envuelve al individuo, el nivel que el autor denomina «microsistema».

El microsistema es el entorno inmediato, el más cercano al individuo, en el que actúa directa y activamente, es el más relevante para su desarrollo personal, y está compuesto por la familia, la escuela y los amigos. También incluye las conductas, el papel que tiene el individuo en dicho entorno (hijo, hermano, nieto, amigo, etcétera) y las relaciones que establece en esos contextos cotidianos en los que vive cada día de su vida.

La segunda capa superior que envuelve al individuo es el «mesosistema», que se compone por dos o más microsistemas. En este nivel se establecen vínculos entre dos o más microsistemas en los que interactúa la persona en desarrollo; por ejemplo, el entorno familiar se relaciona con el entorno escolar cuando los padres asisten a reuniones o juntas escolares para hablar de sus hijos, o asisten a entrevistas con el tutor de los hijos, etcétera. Queda claro, pues, que en este nivel se producen relaciones bidireccionales entre dos o más entornos en los que la persona se desarrolla y participa activamente.

La tercera capa superior es el «exosistema», que está

compuesto por uno o más entornos en los que la persona en desarrollo no participa activamente, pero en los que se gestan acontecimientos que afectan al ambiente donde se desarrolla la persona. Por ejemplo, el microsistema del padre, de la madre o de los hermanos afecta al individuo indirectamente. El lugar de trabajo y el círculo de amigos de los padres, la escuela a la que asisten los hermanos, los vecinos, las actividades propias del barrio o lugar donde vive, el consejo de administración escolar, entre otros.

La cuarta capa superior es el «macrosistema», un nivel en el que las capas o entornos inferiores (microsistema, mesosistema y exosistema) se ven afectados por la forma y el contenido de la cultura, que permea, desde la capa más externa hacia las internas, el sistema de creencias o ideología y traspasa las capas o sistemas de menor orden que existen o pudieran existir, y por tanto, se produce una cierta correspondencia en la estructura y el contenido entre las capas o contextos que conforman todo el ambiente ecológico donde se desarrolla la persona.

El sistema económico, político, jurídico y social, la religión, las creencias, las tradiciones o costumbres y los rituales forman la cultura de una determinada región, inciden de forma indirecta en el desarrollo humano de manera integral, moldeando y determinando los microsistemas, mesosistemas y exosistemas donde se desenvuelve la persona.

La última capa en la estructura del contexto es el «cronosistema». La raíz de la palabra *crono* nos indica que el tiempo ejerce un papel importante: es el eje transversal a todas las capas del contexto, es decir, está presente en cada capa o sistema que compone el contexto. Todo fenómeno psicológico surge en un determinado ambiente ecológico, en un espacio-tiempo. La vida de un ser humano se puede dividir por espacios, lugares y períodos, épocas, eras, etapas, temporadas, lapsos, intervalos, ciclos, fases o momentos, y analizar de acuerdo con esa clasificación.

Cada etapa tiene una duración y una relevancia significativa para la vida de un individuo, una información que queda guardada en su memoria, formando así su historia de vida en el tiempo y en un contexto determinado. En otras palabras, el cronosistema está compuesto por los hechos ocurridos en todos los niveles del contexto, el microsistema, el mesosistema, el exosistema y el macrosistema, y en ese mismo orden de relevancia para la persona.

Aunque los elementos que más inciden en la capacidad de logro de un individuo son los factores internos o psicológicos de dicho individuo, los externos a su persona, derivados del contexto en el que se desarrolla, también desempeñan un papel importante. Son muy variados y sumamente complejos, y no sólo en su conceptualización, sino en cómo se relacionan entre sí y en cómo controlarlos para hacer que favorezcan el logro de metas y objetivos personales y profesionales.

El contexto familiar es el más influyente en el individuo, porque el futuro de los hijos depende en gran manera de los padres. Este contexto tan cercano influye, de manera positiva o negativa, directamente sobre el individuo, porque los padres transmiten e imponen su educación, sus ideas, sus creencias, sus principios éticos y morales, su estilo de vida, sus deseos, sus gustos y preferencias. Los propios hábitos y logros de los padres impactan directamente en sus aspiraciones. Estos elementos configuran el estado físico, mental y emocional de los hijos, tanto por herencia genética como por la enseñanza deliberada y el aprendizaje por modelado del ambiente donde viven, a partir del modelo de crianza que la familia ha adoptado para educarlos.

La concepción del término *contexto* se refiere al entorno o ambiente que rodea a una persona, un hecho, un evento o una situación. Aunque hay distintos tipos y niveles de contexto, aquí nos centraremos en el contexto personal o individual. El contexto de vida de una persona es aquella información que describe el conjunto de circunstancias o serie de factores que tienen influencia directa y condicionan el desarrollo de un individuo o entidad en un momento y lugar concretos.

Las características de un contexto individual alteran o impactan de manera directa o indirecta, positiva o negativamente en la forma de vivir y actuar de una persona, amplían o limitan sus experiencias, y determinan su calidad de vida porque impiden o posibilitan su desarrollo, ofrecen o privan de nuevas oportunidades al individuo. Estas propiedades o cualidades del contexto ayudan a distinguir un ambiente de otro, y brindan la posibilidad de analizarlos para darles un valor, un sentido o un calificativo, como positivo o negativo, bueno o malo, favorable o desfavorable, saludable o dañino para el ser humano.

Si la persona vive, estudia o trabaja en un contexto de emociones negativas o tóxicas, resultará perjudicial para su salud física y mental, así como para el correcto desarrollo, comportamiento o desempeño de sus tareas y responsabilidades. Por el contrario, un contexto emocional positivo brinda soporte al individuo para crecer, evolucionar, progresar y funcionar adecuadamente, desarrollar su capacidad de logro de metas y objetivos con mayor facilidad, propiciado por los elementos favorables de su contexto más cercano.

Los componentes de un entorno positivo funcionan como factores protectores dentro del microcontexto de desarrollo de la persona, porque son generadores de mejores condiciones de vida, sobre todo cuando se propician desde la infancia con el apoyo de los padres y demás familiares, profesores, guías o tutores, ya que éstos determinan la confianza que pueden tener los jóvenes acerca de su futuro, y la sensación de tener cierto control sobre su ambiente propicia su autonomía.

Los factores de protección ayudan a que los individuos se desenvuelvan mejor en el contexto donde viven. A nivel de microcontexto, se puede manipular y configurar al individuo para tener cierto control sobre él y ayudarle a alcanzar el éxito en lo que se proponga. El ambiente para el logro de determinados objetivos o metas se puede preparar, adaptándolo a las necesidades de la persona, simplemente anticipándose con aquellos elementos que coadyuven al logro.

La preparación del ambiente debe estar alineada con las metas y objetivos que se persiguen, analizando y eliminando los posibles elementos saboteadores y agregando los factores posibilitadores.

Si se integran los factores de logro internos y externos con la preparación del contexto, se creará un círculo virtuoso para facilitar el logro de metas, porque se aprovecha la fuerza de la motivación intrínseca de la persona y el apoyo del contexto previamente preparado para que el proceso sea eficiente. Como el macrocontexto no se puede modificar, porque es el entorno más alejado del control de la persona, sólo queda elegir y aceptar las condiciones dadas que beneficien o apoyen el cumplimiento del objetivo que se desea alcanzar.

Conclusión

Todos deseamos alcanzar alguna meta en nuestra vida, pero muy pocas personas saben realmente cómo lograrlo. *La ciencia detrás del logro* brinda las pautas más importantes que se deben seguir para lograr aquello que nos hemos propuesto ser, hacer o tener.

A través de los temas que se abordan en este libro, se procura dar al lector las bases científicas para comprender los elementos que componen la formación de hábitos para el logro de cualquier meta, objetivo o resultado que se desee alcanzar.

Se expone de forma sintética la gran relevancia que tiene desarrollar hábitos para el logro de metas y objetivos, sustentando la propuesta con bases neurocientíficas que se han descubierto en investigaciones sobre el funcionamiento del cerebro. Para alcanzar el logro de metas y objetivos se deben desarrollar hábitos positivos y hay que cambiar o eliminar los hábitos negativos que sabotean el desarrollo personal y el éxito profesional.

Muchos de los procesos que hacemos rutinariamente se automatizan como hábitos con el tiempo, pero no todos son positivos para la vida, ni son válidos para el desarrollo de la capacidad del logro de metas. Sólo a través del trabajo de la conciencia de dichas acciones podemos darnos cuenta de qué comportamientos no contribuyen a nuestro desarrollo óptimo, y, por tanto, deberíamos cambiar su contenido conductual para encauzarlos en la dirección correcta para que trabajen a nuestro favor.

Desde que nace, la mente del ser humano se va modelando y conformando en una personalidad. No obstante, no existe un filtro que verifique la calidad de los condicionamientos que el individuo recibe de su entorno, muchos de carácter negativo, que atentan contra él de muchas maneras, entre ellas, mermando su capacidad de logro infundiéndole miedo o imponiéndole creencias limitantes. Con el paso del tiempo, aprendemos a sentirnos cómodos con esa situación, pese a que esos condicionamientos, comportamientos o hábitos no son los mejores para nuestro desarrollo. Lamentablemente, nos cuesta darnos cuenta de ello. En esta obra, los lectores encontrarán información valiosa que les permitirá tener conciencia de los elementos necesarios para tomar el control de su vida y encaminarla hacia el éxito.

Otro aspecto que quiero resaltar de este texto es la importancia de la motivación para el logro y su relación con el neurotransmisor denominado *dopamina* (la «hormona de la felicidad»), generada por el cerebro al experimentar placer o gozo tras realizar una actividad específica. Sin duda alguna, la mejor motivación es la intrínseca, la que viene de los profundos intereses y deseos de la persona, capaces de motivar al individuo para seguir adelante de manera natural y comprometida. A nivel neurobiológico, el cerebro descarga una cantidad importante de dopamina que genera mucho placer en la persona. No obstante, conviene saber que hay rutinas o hábitos negativos que también generan placer y eso los hace más difíciles de evitar, controlar o eliminar. Esta hormona, como ya hemos visto, es la responsable tanto de la motivación como del mantenimiento de ciertas conductas que, aunque sean dañinas, resultan muy placenteras, y de ahí la dificultad para cambiar un mal hábito por uno bueno.

Asimismo, a partir del análisis de las investigaciones, se plantean una serie de factores personales y contextuales que aumentan la capacidad de logro de las personas si se aplican adecuadamente, con independencia del área de la vida que se quiera mejorar.

De acuerdo con los resultados, se puede afirmar que todos tenemos el potencial para alcanzar lo que nos propongamos en la vida si adoptamos y ponemos en práctica aquellos factores que la ciencia ha comprobado que son necesarios para el logro.

El éxito no sucede por magia, milagro o suerte, es la consecuencia de la aplicación de ciertos factores de la personalidad y del contexto donde vive la persona, como el deseo, la decisión, la determinación, el esfuerzo, la pasión o la perseverancia, entre muchos otros factores que se explican en el texto. El éxito proviene del trabajo diario en la propia persona hasta formar los hábitos y comportamientos deseados, que al repetirlos con disciplina, una y otra vez de forma ininterrumpida, invariablemente lo conducirán al logro de sus metas.

En este texto comparto contigo los elementos filosóficos, neurocientíficos, psicológicos y sociológicos que dan forma al éxito personal y profesional. A partir de este momento, la decisión está en tus manos para adoptarlos y empezar a ponerlos en práctica en tu vida cotidiana. Estoy seguro de que así comenzará a cambiar tu forma de pensar, ser y actuar en el mundo, para transformarte día tras día en una mejor versión de ti mismo, que te llevará a lograr tus más grandes anhelos si lo haces con compromiso, pasión y perseverancia para ser la persona en la que te quieres convertir a corto, medio y largo plazo.

Guía de ejercicios y prácticas
para formar hábitos del logro

MAURICIO
BENOIST

Bibliografía

Aristóteles, *Ética a Nicómaco*, Gredos, Madrid, 2014.

Arrondo, G., Murillo, J. I., y Bernácer, J., «Hábitos positivos y negativos en el TDAH», *Cuadernos de Pedagogía*, 501 (2019), pp. 65-70.

Arzate, S. J. G., «Educación de adultos y teorías de enseñanza-aprendizaje: un acercamiento desde la sociología del conocimiento», *Convergencia, Revista de Ciencias Sociales*, 8, 9 (1995), pp. 67-80, <https://dialnet.unirioja.es/descarga/articulo/1183063.pdf>.

Balaguer, G., «La motivación en la actividad física y el deporte», *Papeles del Psicólogo*, 44-45 (1990), <http://www.papelesdelpsicologo.es/resumen?pii=451>.

Barrera, H. M. D., *Influencia de la autoestima, el autoconcepto y la autoimagen social en las dimensiones de la socialización entre estudiantes universitarios* [tesis de grado], Universidad Católica Andrés Bello, Venezuela, 2012, <http://biblioteca2.ucab.edu.ve/anexos/biblio teca/marc/texto/AAS4126.pdf>.

Bennet, M., *Autoconocimiento*, Ediciones I, Madrid, 2011.

Bermejo, M., «Motivación y aprendizaje en la educación secundaria», en F. Blázquez, T. González y M. Montanero (coords.), *Formación psicopedagógica del profesorado de secundaria* (pp. 109-132), Universidad de Extremadura, Instituto de Ciencias de la Educación, Badajoz, 1997.

Bernacer, J., y Murillo, J. I., «The Aristotelian conception of habit and its contribution to human neuroscience», *Frontiers in Human Neuroscience*, 8 (2014), <https://doi.org/10.3389/fnhum.2014.00883>.

Bisquerra, R., *Psicopedagogía de las emociones*, Editorial Síntesis, Madrid, 2009.

Bisquerra, R., «Resiliencia en tiempos de crisis», *Rafael Bisquerra, Educación Emocional*, s. f., <https://www.rafaelbisquerra.com/resiliencia/resiliencia-en-tiempos-de-crisis/>.

Bisquerra, R., «Universo de emociones: la elaboración de un material didáctico», en J. L. Soler *et al.* (coords.), *Inteligencia emocional y bienestar II: Reflexiones, experiencias profesionales e investigaciones* (pp. 1-20), Ediciones Universidad San Jorge, 2016.

Bisquerra, R.; y Pérez, N., «Las competencias emocionales», *Educación XXI*, 10 (2007), pp. 61-82.

Bronfenbrenner, U., «Ecology of the family as a context for human development: research perspectives», *Developmental Psychology*, 22, 6 (1986), pp. 723-742.

— *La ecología del desarrollo humano*, Ediciones Paidós, Barcelona, 1987.

Cognifit Research, «Plasticidad neuronal y cognición», s. f., <https://www.cognifit.com/co/plasticidad-cerebral>.

Csikszentmihályi, M., *Fluir (*flow*): Una psicología de la felicidad*, Editorial Kairós, Barcelona, 2000.

Diges Montoya, E., «Circuito de recompensa», *Neuroaprende*, 20 de febrero de 2019, <https://neuroaprende.wordpress.com/2019/02/20/enamoramiento-relacion-con-las-adicciones-circuito-de-recompensa/>.

Duckworth, A., *Grit: el poder de la pasión y la perseverancia*, Urano, Barcelona, 2016.

Duckworth, A. L., *et al.*, «Grit: Perseverance and passion for long-term goals», *Journal of Personality and Social Psychology*, 92, 6 (2007), pp. 1087-1101, <https://doi.org/10.1037/0022-3514.92.6.1087>.

Duckworth, A. L., y Quinn, P. D., «Development and validation of the Short Grit Scale (GRIT–S)», *Journal of Personality Assessment*, 91, 2 (2009), pp. 166-174.

Duhigg, C., *El poder de los hábitos*, Urano, Barcelona, 2012.

Facchinetti, C., *Las bases biológicas de aprendizaje*, Editorial de la Facultad de Filosofía y Letras, Universidad de Buenos Aires, Argentina, 2017.

Gómez, O., y Calleja, N., «Regulación emocional: definición, red nomológica y medición», *Revista Mexicana de Investigación en Psicología*, 8, 1 (2016), pp. 96-117.

Graybiel, A., y Smith, K., «Psicobiología de los hábitos», *Investigación y Ciencia*, 455 (2014), pp. 16-21.

Guillén, J. C., «Neuroplasticidad, un nuevo paradigma para la educación», *Escuela con cerebro*, 4 de octubre de 2012, <https://escuelaconcerebro.wordpress.com/2012/10/04/neuroplasticidad-un-nuevo-paradigma-para-la-educacion/>.

Hervás, G., y Moral, G., *Regulación emocional aplicada al campo clínico*, FOCAD, Madrid, 2017.

Honey, C., «Del hábito a la adicción», *Mente y Cerebro*, 80 (2016), pp. 48-53.

James, W., *Principios de psicología*, Fondo de Cultura Económica, México, 1890.

— «The energies of men», *Proceedings of the Meeting of the American Philosophical Association*, 6 (1906), pp. 1-20, <https://www.jstor.org/stable/pdf/44747241.pdf>.

Romo, M., *Entrena tu cerebro: neuroplasticidad para la vida cotidiana*, Editorial Alienta, Barcelona, 2014.

Rosal, C. R., «El crecimiento personal (o autorrealización): meta de las psicoterapias humanistas», *Anuario de Psicología*, 34 (1986), pp. 63-84.

Salanova, M., Llorens, S., y Shaufeli, W. B., «"Yes, I can, I feel good, and I just do it!". On gain cycles and spirals of efficacy beliefs, affect, and engagement», *Applied Psychology: An International Review*, 60, 2 (2011), 255-285, <https://psycnet.apa.org/record/2011-04484-004>.

Salas, C. E., *et al.*, «El papel del discurso interno en la desregulación de la emoción y el uso de la estrategia de regulación de la emoción», *Revista Latinoamericana de Psicología*, 50, 2 (2018), pp. 79-88.

Sanz, T., «Los hábitos, qué son, cómo se forman y cómo cambiarlos según la ciencia», *Habitualmente*, 2014, <https://habitualmente.com/los-habitos-segun-la-ciencia/>.

Schunk, D. H., «Self-efficacy and achievement behaviors», *Educational Psychology Review*, 1 (1989), pp. 173-208.

— *Teorías del aprendizaje*, Pearson Educación, Madrid, 2012.

Serrano S. P., *Entrenamiento en memoria autobiográfica sobre eventos positivos específicos en ancianos con síntomas depresivos* [tesis doctoral], Universidad de Castilla la Mancha, 2002.

Skinner, B. F., *El comportamiento de los organismos: un análisis experimental*, Oxford / Sociedad Mexicana de Psicología, México, 1938.

Wood, W., y Rünger, D., «Psychology of habit», *Annual Review of Psychology*, 67 (2016), pp. 289-314.